结婚本来就很幸福

Mu姐
／著

中国科学技术出版社
·北 京·

图书在版编目（CIP）数据

结婚本来就很幸福 / Mu 姐著 . -- 北京 : 中国科学技术出版社，2025. 9（2025.10 重印）.

ISBN 978-7-5236-1524-9

Ⅰ. C913.13-49

中国国家版本馆 CIP 数据核字第 202580GU56 号

策划编辑	赵　嵘	责任编辑	赵　嵘
封面设计	东合社	版式设计	愚人码字
责任校对	张晓莉	责任印制	李晓霖

出　　版	中国科学技术出版社
发　　行	中国科学技术出版社有限公司
地　　址	北京市海淀区中关村南大街 16 号
邮　　编	100081
发行电话	010-62173865
传　　真	010-62173081
网　　址	http://www.cspbooks.com.cn

开　　本	880mm × 1230mm 1/32
字　　数	151 千字
印　　张	7.5
版　　次	2025 年 9 月第 1 版
印　　次	2025 年 10 月第 2 次印刷
印　　刷	大厂回族自治县彩虹印刷有限公司
书　　号	ISBN 978-7-5236-1524-9
定　　价	62.00 元

前言

中学时期，我一直有个作家梦。上初中时，我在笔记本上写了一本言情小说，借给班上好友传阅。直到现在，还有老友打趣说："我看过你中学时写的言情小说呢！"

没想到20年后，我的第一本书《结婚本来就很幸福》出版了。

20年，作家梦成真了。

特别巧的是，这两本书都属于情感范畴——从青春期的言情小说到成年后的恋爱婚姻手册。

特别感慨的是，这些年，做过的"梦"好像都一一实现了。

当主持人、进媒体大厂、创业、打造百万粉丝IP、担任国内知名情感电视节目导师……一步步，小时候期待的模样，好像慢慢都具象化了。这样讲着实有点儿自恋，但我必须讲，因为我希望我的经历能让更多女孩看到可能性。

有目标，就大胆干，终有一天，我们都能活成自己期待的样子。

在本书里，我想告诉更多女孩：结婚本来就可以很幸福。尽管当下各种讯息让我们对恋爱、婚姻感到恐惧，但我想用亲身经历证明，一段稳定的婚姻确实具有治愈力量——我自己就从焦虑型依恋转变成了安全型依恋。

记得有次我家淘气猫财财撞倒了电视柜上的花瓶，“砰”的一声巨响，水漫电视机。听到声响的瞬间，我顿时火冒三丈，刚想用洪荒之力大声呵斥我家猫时，却见我家老李站在旁边呵呵地笑起来了。我不解地看着他。老李的那种笑，体现了包容、接纳，甚至带着“财财很可爱”的宠溺。他一边笑一边拿着抹布擦电视机上的水，嘴里还嘟囔着：“你这个小调皮，把自己吓坏了吧？今晚不给你吃鸡胸肉了……”

那一刻，我站在旁边呆住了，眼眶也湿了。我仿佛看到了儿时的自己，犯错第一时间就迎来父母大声指责、呵斥，每一次都未被接纳过。

而此刻，我站在这里，仿佛跨越时空。我丈夫的笑治愈了小时候的我。原来犯错也是可以被接纳的，原来我下意识想要发火的反应，早已在不知不觉中复刻了父母的模式。

那一刻，我的泪水涌了出来，我被老李的温柔治愈，也为自己条件反射般怒意感到惭愧。

婚姻是照见自己最好的镜子——它能让你看到曾经受伤的自己。

从那以后，一想发脾气我就想到我家老李笑呵呵的样子，脾气也没那么火爆了，做事也没那么急躁了，事业也发展得越来越好了。

一个好的爱人、伴侣，真的能治愈你。

本书除了有理论支撑，还有一些我生活中经营婚姻的小趣事。希望你在阅读时既能看到干货，也能体会到温情。

最后，谢谢你，正在阅读这本书的朋友。如果你觉得书不错，也请分享给你身边最好的朋友。让我们一起修炼拥有幸福的能力。

婚姻或许不尽完美，但却是修习爱与成长的绝佳道场。

目录

第1章

婚恋认知：洞悉爱情，就是洞察人性

1.1 了解男性的择偶需求

也许作为女性，你并不能理解男性这样的行为：

- 认识你不到 3 天，就说喜欢你，并对你展开猛烈追求。
- 见面不到 3 次，就暗示想和你“再进一步”。
- 刷到美女短视频，就可以在弹幕区留言“你好，结婚吗”。

明明有着一颗有趣的灵魂，但男性似乎只能看到女性美好的躯壳。难道他们都这么肤浅，世上就没有好男人吗?

其实我想说，如果你有这样的感慨，就说明你对人性的理解还是太浅显了。

01

人性就是“动物性 + 道德性 + 个性”。

人具有动物属性，所以你会发现，几乎每个人身上都有动物本能的一面。因此，男性之间的共性，就是他们的动物性，千百年来未曾改变。进化心理学领域的世界领军人物，哈佛大学的心理学教授戴维 · M. 巴斯（David M. Buss）在《进化心理学：心理的新科学》(*Evolutionary Psychology: The New Science of the Mind*）一书中，展示了他对“人类择偶偏好的性别差异”做出的 5 项预测，并且呈现了他对于来自 33 个国家和地区的 37 个样本数据（样本总数为 10 047 人）的分析报告，最终得出人类择偶偏好的性别差异结论。该结论集中向我们揭示了在择偶偏好方面，何为男人的动物性。

（1）尽可能多地进行繁殖。从进化的角度来看，生物的核心目标之一是将自身的基因传递给后代，男性作为生物种群的一部分，受到本能的驱动，会更在意如何实现繁衍，进而尽可能多地传播自己的基因。

（2）生殖成本更低。在生殖过程中，女性需要承担怀孕、分娩和哺育后代等重大责任，需要投入大量的时间、精力和资源。相比之下，男性的生殖投入相对较少，这使男性有更多的机会和能力去获取繁衍机会。

（3）需要保证子嗣的存活。人类这一物种相较于其他动物，其实并不具备很强的繁殖能力，生殖周期长、繁衍后代的数量也少，如果诞生了不健康的子嗣或孩子中途夭折，那将极大地降低基因延续的可能性。因此，男性在择偶时会倾向于选择那些年轻、美貌、健康的女性，因为这类群体意味着良好的生育能力、怀孕的概率更大，诞下健康优质子嗣的概率也更大。

人的个性可能各不相同，但是动物性都指向同一个主题——尽可能多地繁衍子嗣，并让他们存活。

02

这样的择偶标准肤浅吗？也许是的，但正是这份“肤浅”，让男性在择偶过程中更大概率地做出符合利益的选择。从社会学的视角来审视，如果不“肤浅”，生育率、人口的增长速度就都可能受到影响。

拿我自己举例，我之所以能和我先生相识，是因为我符合了他在意的择偶需求。

我和先生是相亲认识的，我先生的硬件条件比我优越很多，但他在看到我的照片后，要求红娘必须为我们牵线。可以说，我就是靠那张照片，让我先生对我一见钟情。

那是张怎样的照片呢？那是我和妈妈去海边旅游时，妈妈用手机给我拍的一张照片。当时正值夕阳落下，光线柔和，我穿着粉色毛衣，自然又松弛地露出半边肩膀，笑容嫣然且露出几颗牙齿。看似简单的照片，其实是我用心拍的。因为“一眼心动”的缘分，我和我先生才有了后来沟通交流的机会。他感受到我的温柔善良和独立坚定，我确认了他值得依靠，之后我们才有了后面的故事。

能拍出这张照片，是因为我了解进化心理学中男性的择偶偏好，刻意注意了细节——男性对“年轻、美貌、健康”的需求。接下来的章节，我会详细拆解男性需求，相信你看完后也能很快找准自己的风格，在择偶婚恋市场中遇到属于你的合适的另一半。

03

值得一提的是，男性对于谁适合结婚，谁只适合谈恋爱，心里是有一杆秤的。因此，作为女生，我们要明确对方和自己恋爱的目的，并且通过洞察人性来获得、维护爱情。以下两点值得注意：

第一，从进化心理学的角度理解男性的择偶需求。男性的择偶标准看起来可能有些“肤浅”，并且进入感情的节奏很快。然而，了解择偶真相的我们，可以掌握关系的主动权。

第二，主动调整。既追求内在价值又追求外在优雅，为自己赢得更多优势。例如，了解进退得宜的相处之道，理解亲密关系里的付出和忠诚，学习经营婚姻的智慧，做好科学育儿的规划和准备。当我们以理性和成熟的态度去提前准备时，婚姻也就有了幸福的保障。

并且，**我要强调，我们的调整永远是为了自己。**我们应该保持健康、优雅的外形，实现“女为己容”，活出洒脱、自由的自己。

1.2 从女性的择偶需求出发

和男性能快速做出择偶决策相比，我们发现，女性择偶常常会迟疑。比如，在进入一段关系之前，女性会反复确认：他是不是好人？人品好不好？他会不会骗我？他真的爱我吗？他会花心吗？他能扛事儿吗？他对爱情忠诚吗？能爱我到永远吗……从这些问题中我们可以看出，女性在意的问题没法一眼看出答案，需要与对方长期相处才能得出结论，这就导致女性犹豫、迟疑，不敢太快、太草率地进入一段关系。

01

或许有人会觉得女性谈恋爱不够“爽快”，但其实，这是自我保护的体现。我们在前面说过，**从进化心理学的角度来分析，男性与女性的择偶需求都很现实，都是凭借“生物本能”进行筛选的，本质上都是为了繁衍后代。**

那和男性相比，女性不同的择偶需求是什么呢？

1. 女性更在意对方的社会价值

巴斯设计了一种有效的方法来测量人们选择婚配对象时对不同品质的重视程度，最后得出两个结论：

（1）女性对对方的赚钱能力有较高要求。

（2）女性更看重对方实际或潜在的身份地位。

在漫长的进化过程中，女性逐渐形成了对男性生存资源的偏好。因为在人类早期社会，资源的获取对于生存和抚养后代至关重要。拥有良好的社会地位、经济前景和丰富资源的男性能够为女性及其子女提供稳定的生存保障，提高后代的生存概率。

这种本能的需求在现代社会依然存在，**尽管女性的社会地位和经济独立性不断提高，但女性对于一个有能力承担家庭责任的伴侣的渴望从未消失。**

2. 女性非常在意对方的人品

除了社会价值，女性在择偶时也格外注重伴侣的人品，而忠诚、责任心、上进是女性极为看重的品质，因为这些品质直接关系到家庭的稳定和幸福。

忠诚和责任心是婚姻的基石，将确保丈夫会关心妻子和孩子的生活需求，认真对待自己的家庭责任；上进则意味着丈夫会不断提升自己，为家庭创造更好的生活条件。在进化心理学中，女性需要确保伴侣不会将亲本投资（进化心理学中的一个重要概念，指的是亲代对子代在孕育、哺育、抚养和保护等方面所投入的时间、精力和资源等）放在别的异性身上，不会背叛家庭。因为不管是在远古时代还是现代社会，女性在生育和抚养后代的过程中都需要投入大量的时间和精力，如果伴侣不忠诚，将给女性和孩子带来巨大伤害。

总而言之，女性择偶之所以更看重对方的社会价值和人品，核心在于要确保男性有能力、有资源让妻子和子女获得保障。

02

令人头疼的是，年轻、漂亮与否“一眼”就能判定，但经济实力和社会地位是可以伪装的，而忠诚、责任心、上进这些品质就更需要时间和事件去验证。所谓路遥知马力，日久见人心，这导致女性在择偶过程中会面临诸多痛点：

（1）无法在短时间内判断男性的社会价值，这也是为什么很多女性会轻易迷恋上“优质男”，或者深陷网络情感诈骗套路而被欺骗。

（2）人品好坏只有花时间、精力在具体生活经历中进行多维度考察才能判断出来。

（3）女性相对感性，陷入爱情的时候容易被欺骗，从而做出错误决定。

有很多姑娘在我的直播间分享过自己被骗的经历。基本上都是在恋爱时被男友的“精英人设”和“山盟海誓”所打动，在没有确认对方经济情况，没有详细验证过对方人品的情况下就匆匆进入恋爱或婚姻关系，结果在恋爱或婚后长时间、多方位的相处下，才发现对方的身份、经济情况或人品是伪装的，根本无法承担起对家庭的责任，从而陷入痛苦和失望之中。

另外，对于女性来说，还有一个痛点在于，由于人品需要时间才能判断出来，女性往往需要经过长时间的相处和观察才能真正了解对方。在这个过程中，一方面，女性会投入大量的感情和时间，即使发现对方不合适，也很容易拖泥带水，左右为难，陷入情感的沼泽，从而身心受伤；另一方面，即便勇敢地及时止损，也已然遭受了时间和感情上的巨大损失。而这些痛点，恰恰是女性择偶时左右摇摆、犹豫不决的原因。

03

婚姻和家庭对女性而言就是第二个事业。这要求我们在择偶时一定要擦亮眼睛，去伪存真。如何在较短的时间、投入适中的情况下判断出男性真实的社会价值和人品呢？

我给大家总结了判断对方是否适合与你共同步入婚姻的“婚前四考核”。

考核一：判断对方金钱观，评估对方的经济实力和潜在价值。

先看对方赚钱的动力。例如，如果这个人赚钱是为了让家人生活得更好、赚钱取之有道，就说明其初心是好的，可以判断这个人是能扛事的人；如果这个人赚钱源于对贫穷的恐惧或爱面子，则可以判断这个人难成大事。此外，还要看对方把钱花在哪里。如果他花钱只顾个人享受，又或者约会时候很抠门，小钱都要算计，那么婚后大概率也不愿意进行亲本投资。

考核二：评估对方酒品。

人清醒时往往有防御心理，而饮酒后人内心的真实与脆弱会展露无遗。建议在对方醉酒后观察其表现，例如是否骂脏话、发脾气等，一般来说，酒品如人品，观察酒后言行，可以窥见其品性。

考核三：了解对方对前任的态度，因为对前任的态度预示着未来对伴侣的态度。

如果对方通过诋毁前任来获取你的同情，那必须敲响警钟，因为这种人大概率会重蹈覆辙，未来也会在别人面前诋毁你。更可怕的是，没能从过去关系中走出来的人，往往心里还会存在未疗愈的伤，这类难脱离情感泥沼的男性无法托付终身。

考核四：了解对方“人格底色”（原生家庭），因为父母的婚姻状态会影响下一代的婚姻状态。

子女很容易受父母婚姻状态的影响，因此观察对方父母的互动模式能知晓很多细节。如果父母婚姻观端正，父亲尊重母亲，承担家庭责任，那大概率孩子也会拥有正确的婚姻观，懂得承担家庭责任，保护和照顾家人。

当然，具体问题还需要具体分析。人各有异，还是需要慎重选择和考核的。总之，女性在择偶时一定要充分了解自己的需求和痛点，学会运用进化心理学的原理去选择合适的伴侣，为自己找到真正的幸福。

1.3 一见钟情的恋爱到底靠不靠谱？

相比日久生情的平淡，更多人期待一见钟情的浪漫，因为它给人一种“缘分天注定”的感觉。

首先，从生物学角度来看，人类在选择伴侣时，本能地会被一些外在特征或气质所吸引。这种本能的反应在某种程度上反映了身体和潜意识对对方的认可。

其次，心理学中的“相似性原则”也很好地解释了，在兴趣爱好、价值观、思维方式等方面存在潜在相似性的双方，会在初次见面时产生强烈的共鸣和联结感。例如，电影《花束般的恋爱》里的一对少男少女。两人初见就发现彼此穿同款小白鞋，都喜欢用电影票根做书签，耳机线永远在打结，连书柜里的书都几乎一样。于是，有很多共同点的两人很快陷入热恋。

但在现实生活中，一见钟情的爱情到底靠不靠谱呢？

01

一见钟情，很容易成为美丽的误解。

关于这一点，克里斯多福·孟（Christopher Moon）在《亲密关系：通往灵魂的桥梁》（*Intimate Relationships: A Bridge to the Soul*）里做出了解释，他认为，一见钟情很容易出现“月晕现象”。

这种现象是指，月光是月球反射太阳的光，并非月球自身发出的光，这意味着人有时会产生错觉，不能客观地看待对方。

运用到亲密关系里就是指，在亲密关系形成之初，人们会被对方身上的某种特质所吸引，并不断放大这些闪光点，进而忽视对方身上的缺点。

比如我的一位用户，她和一个男生第一次见面是在一家高级餐厅。两人相见的时候，对方侃侃而谈，聊了很多听起来很“高大上”的话题，从企业管理聊到人生理想。从客观角度来讲，这个男生仅仅是初次见面的时候比较健谈而已，结果这个女生幻想出对方一系列的优点，觉得这样能说会道的男生一定很有事业心、工作认真，对婚姻和家庭也会有责任感。然而问题是，人性那么复杂，怎么能单凭这一件事就确认对方靠谱。

另外，我还要说个令人痛心的真相：一见钟情时欣赏的对方的优点极有可能是对方特意展现出来的。大家都见过孔雀开屏吧？这是动物的求偶策略，雄性孔雀展开绚丽的尾羽来吸引雌性孔雀，以此展示自己的健康、优势和良好基因，以获得异性的青睐。从进化心理学的角度来看，有些男性在择偶时也会本能地展现自己的优势以吸引异性。比如，在异性面前假装很健谈、勇敢、果断，又或者故意夸大和炫耀自己的经济实力。女性如果迷恋这种被刻意营造出来的光环，就容易陷入一见钟情的陷阱里。

02

一见钟情的爱情，不太容易经得起现实生活的考验。

我们可以假设：如果电影里的泰坦尼克号没有沉海，一见钟情的穷小子杰克和贵族小姐露丝会一直相爱吗？答案是——困难重重。

上岸后，大海上的刺激和浪漫烟消云散，一见钟情里的“月晕现象”消失，爱画画的穷小子是否愿意牺牲艺术追求，努力赚钱来养活贵族小姐露丝呢？而从小接受贵族教育、习惯了奢华生活的露丝，真的可以忽略礼仪规范，接受杰克随地吐痰，邋遢、随性的生活方式吗？

一见钟情的爱情，只有在纷繁琐碎的现实里“打滚受伤”，才能验证到底是不是真爱。

遗憾的是，电影《花束般的恋爱》拍出了现实生活中最残忍的一见钟情。

男主曾对一见钟情的女主发誓：“我的人生目标，就是和你维持现状。”可在一地鸡毛的工作和生活的逼迫下，他开始抱怨：“不可能一直像以前一样喜欢啊，如果要追求这种事就无法幸福了。”于是，两个一见钟情的人，只能看着如花朵一样的爱情枯萎，最终在人生的岔路口分道扬镳。

一见钟情的真爱尚且经不起长久相伴和生活保障的考验，一见钟情里刻意展示自己的人，就更难给伴侣稳定的未来。一旦关系确认，在生活中暴露出之前隐藏的本性，袒露自己的劣势和不足，“天注定的缘分”就将摧枯拉朽般消失不见。

03

事实上，在一见钟情中戴着滤镜、过度美化爱情的女人，也很容易在相处中幻灭，在失望中崩溃，最终亲手毁掉爱情。

天性使然，我们在寻求爱情时，首先会关注自己喜欢的特质，尤其是在一见钟情的时候，会把自己对理想伴侣的期待全部投射到对方身上，过度美化对方，从而忽略了对方的真实情况。这种理想化投射很容易让人在恋爱初期对对方充满热情和期待，但一旦进入磨合期和了解期，尤其是现实与理想不符时，失望和沮丧感则会疯狂涌出，导致落差感出现。

就像我那位在高级餐厅对男方一见钟情的用户，她主动要了对方的联系方式并主动追求对方。她是一心奔着结婚去的，但恋爱不过 3 个月，他们就吵架分手，彻底分道扬镳了。

为什么会这样？原因就在于，把对方想象得过于完美的她，在亲密关系里建立了一个过高的期望值，但她很快发现，这个貌似理想的男友在日常生活中好像没那么值得托付，和初次相遇时的他简直判若两人。不知道是忙于工作还是怎样，对方经常不回复信息，平时有些小争执的时候，对她也不够包容、不够有耐心，他常说的话是“我没空跟你掰扯”“别老因为一些小事浪费我的时间”。

巨大的心理落差之下，她开始频繁地与对方争吵，无法接受前几天还“完美无瑕”的恋人转眼就变成了另一个人。这个时候，她不光对爱情和男友失望，更对自己当初的“盲目地一见钟情”失望。于是，情绪越来越糟糕，争吵越来越多，对方也对她的抱怨和不满感到厌烦。最后，她亲手打破了爱情的滤镜。

04

《浪漫爱情心理学》（*The Psychology of Romantic Love*）明确指出，一见钟情虽然是浪漫爱情的开始，但并不等同于真正的、成熟的爱情，真正的爱情需要在时间的考验中不断发展和深化。

在我看来，一见钟情固然激情又浪漫，但真正的、成熟的爱情一定要经得起时间的考验和磨砺。

我们需要在日常小事中了解彼此的兴趣爱好，发展出基础的信任与默契；我们更需要在相处中学会欣赏和尊重，懂得包容和边界的重要性；我们还需要确认彼此价值观和共同目标的契合程度，寻找两人在事业、家庭规划上的共识，只有这样的爱情才能经得住世事无常的考验。

我们公司有位心理咨询师，她的先生也是心理咨询师，他们认识的过程毫无浪漫可言。

他们最初是在一个行业的培训上结缘的，因为被分到了同一个小组，座位相邻，所以就顺势加了微信。一开始两个人只是行业内的交流，聊着聊着，觉得比较投契，就开始单独见面。见了面还是进行行业上的交流。虽然他们都在情感和心理领域比较有经验了，但是彼此相处既不互相套路，也不使用什么技巧，就是单纯地觉得和对方有很多的交集，聊案例、聊价值观，话题似乎永远都不会枯竭。

后来他们就自然而然地在一起了，现在已经结婚并有了孩子。从世俗角度来说，这两个人可以说是“从来没有谈过恋爱”，没有情侣之间的黏黏腻腻，没有因为一些小事而相互吃醋，比起情侣或夫妻，他们更像是同事。事实上，他们结了婚以后也一直在互相帮助，相互介绍资源。

正是因为他们是成熟的从业者，才不再迷信爱情初期给人的如痴如梦的幻觉，而是更加在意两人之间的契合度。他们知道，忘我的迷恋只是梦幻泡影，志同道合的爱情才能走得长远。

所以，请千万记住，不管初见多么惊艳，也别戴着滤镜看爱情，更不要被那些“孔雀开屏”式的行为所迷惑，更别美化他人不足挂齿的付出。

靠谱的爱情是需要时间和经历去验证的。

稍微用点儿心，从爱情伊始就认真辨别，用心去感受，再辅以时间去打磨。

1.4 忠贞不渝的爱情，光靠人性是不够的

有姑娘问过我：“Mu 姐，我不能接受出轨行为，有没有什么办法可以找到绝对不出轨的伴侣？”每次听到这个问题，我都会在心里默默感叹，这个姑娘把爱情看得太重，却又太忽略

人性了。

在我看来，婚姻中没有绝对的忠诚，我并不否认有伴侣终其一生都不犯此类错误，这类人确实是有责任心、值得敬佩的，但如果一开始就把忠诚作为爱情的绝对准则，那么这个人大概率会在接下来的情感生涯中伤痕累累。

01

人类的生物本能在于“繁衍”。只要理解了人类的生物本能，就能理解爱情和婚姻的可贵。

事实上，我认为，婚姻、习俗、道德和法律也算是人类社会进化的一部分，当我们意识到仅靠人性无法维持爱情的稳定和忠诚时，就只能靠层层加码来尽可能保障婚姻和家庭的稳定。

相信大家都期待过这样的婚礼——礼堂里，庄严的钟声响起，新娘穿着象征着纯洁和忠贞的白色婚纱，被父亲隆重又郑重地交给新郎，随后，新郎新娘在众人的见证下，共同宣誓：“我愿意娶 / 嫁你作为我的妻子 / 丈夫，无论顺境或逆境，富裕或贫穷，健康或疾病，我都将永远爱你，永远和你在一起，直到死亡将我们分离。”

遗憾的是，“承诺相爱到老”的夫妻会遇到各种各样的情况，比如七年之痒。有人一针见血地说：“在这个世界上，根本没有真正老实本分的男人，有些女人说男人有钱就变坏，其实不是金钱改变了男人，而是有些男人在贫穷的时候没有坏的资本。”

《道德动物：我们为何如此思考、如此选择？》(*The Moral Animal: Why We Are, the Way We Are*) 一书中明确提到，人类在群体生活中发展出道德观念是为了促进群体的稳定和合作，提高生存和繁衍的成功率。也就是说，在婚姻关系中，道德的约束有助于保障家庭的稳定，为子女的成长提供良好的环境，从而利于基因延续。

我们歌颂真爱，恰恰是因为真爱太难得；

我们强调忠诚，恰恰是因为情感太脆弱。

02

如果爱情不能确保排他性，那么婚姻的意义到底在哪里？

准确来说，鉴于天性和本能，爱情不容易忠贞不渝，但当我们理解了人性的弱点，容忍并接纳了婚姻的瑕疵，经营好亲密关系，婚姻和爱情就有了不同的走向，也就能有缝缝补补到白头的婚姻，自然就能有一生一世一双人的恩爱。战胜婚姻中的困难后获得的忠贞不渝的爱情，反而让婚姻更有意义。

我经常遇到这样的挑衅：“你总是在网上说这样的话，你就不怕你的先生有一天也出轨吗？”

说实话，我真的不怕，也不担忧。我虽然没办法保证自己的婚姻不会出现不忠的情况，毕竟人非圣贤，但是我相信，就算有一天出现问题了，也不会对我造成致命打击，更不至于让我的世界从此崩塌。

经营好婚姻，我的3个心得是：

（1）人不是非黑即白，感情好坏也不完全取决于忠诚这一个因素。我们的心一定要放宽。世界上没有道德满分的人，所以，婚姻里要“心大”，眼里要容得下沙子，万事别太计较，否则既为难自己，也为难他人。

比如，伴侣因工作必要与异性进行简短交流、在公共场合正常互动，或者伴侣无伤大雅地提起前任，这类无情感越界倾向的情况可以接受。当然，伴侣若是与某异性频繁私密聊天且言语暧昧，还互赠礼物且有亲昵行为，那就必须严肃对待。

（2）不要把心思放在“判断对方是否忠诚”上，而要把心思放在“如何降低背叛概率”上。与其费力气纠结伴侣是否忠诚专一，不如经营好婚姻。我们可以学习技巧维系好感情、提升自己的女性魅力、维护好夫妻生活、掌握好家庭财产、用关心代替管束，以及事先树立好底线，等等。总之，把伴侣出轨的诱惑变小，背叛的成本变大。

光纠结，不努力，没有用；不乱想，多行动，才有效。

（3）智慧经营，过好当下。婚姻是一门功课，该修的学分都要修到位，提升智慧，好好享受当下，真有问题时再想办法解决问题。很多姑娘有特别不好的习惯，她们总是后悔过去，焦虑当下，担心未来，其实真的没必要。不要提前为莫须有的事情惴惴不安，而要好好享受当下的爱情和生活。

像我有个用户，28岁，结婚7年了，她先生比她大2岁，很会赚钱，最好的时候年薪能达到百万元。相比之下，她自己各方面都比较普通。因此，她非常没有安全感，一天到晚担心："我先生会永远爱我吗？""他每天出去应酬会不会做对不起我的事？""万一离婚怎么办？"……她怕先生出轨，心力全放在观察、监控先生上，每天都恐惧，自然也没什么心思好好工作和生活，家里氛围死气沉沉的，在先生面前表现得很紧绷。但其实，他们已经在一起 7 年了，至少在当下，他们的婚姻是安全的。

与其杞人忧天，不如开心享受自己的安稳生活；

与其认为自己普通，不如踏踏实实地学习成长、提升自我；

与其担心背叛，不如经营亲密关系，未雨绸缪早做打算。

放下忧虑，享受当下，积攒力量应对未来，这才是过好日子的根本。

1.5　如何看待结婚人数下降和生育率下降？

现在的年轻人，似乎越来越不着急结婚生子了。

2024 年 11 月，民政部官网公布了《2024 年 3 季度民政统计数据》，数据显示，2024 年前三季度，全国结婚登记 474.7 万对，不到 10 年前（2014 年）前三季度结婚数的一半，创历史新低。

生育率更是出现了负增长。根据国家统计局数据，2013—

2023 年中国人口出生率呈现明显的下降趋势，2013 年人口出生率为 13.03‰，到 2023 年下降至 6.39‰。从总和生育率来看，2010 年后约为 1.5‰，2020 年跌破 1.3‰，2023 年降至约 1.02‰。

显然，在越来越多年轻人的眼里，人生已经不只有单一的轨道，结婚生子不是人生路上的既定旅程。

出于职业缘故，我每天都会接触大量正在谈恋爱的年轻人。近两年，我深刻地感受到，大众的情感需求在发生变化。我的职业定位是帮助百万女性实现优嫁、收获幸福婚姻，在过去，我会遇到很多提出“怎样推进婚姻”“对方父母不同意结婚怎么办”等问题的年轻人。然而近年来，对婚姻抱有犹豫和怀疑的年轻人越来越多。

“Mu 姐，这个男人值不值得我结婚？”

“Mu 姐，这段感情还要不要继续？”

这样的疑惑逐渐成为互联网上的主流，这也反映出广大女性对感情的坚定程度正在下降。显然，婚姻对她们而言已经不像过去那样急迫，她们有了更多的人生选择。

01

从世界范围来看，几乎所有发达国家都经历过结婚人数、生育率下降的阶段，这并非偶然，而是社会发展的必然结果。

2024 年 3 月，发表在《柳叶刀》杂志上的一项研究显示，几乎所有国家的生育率在 21 世纪末都将过低——无法维持人口更替水平，而世界上大部分新生儿将出生在较为贫穷的国家。

为什么会这样呢？

在过去，受传统文化、家庭观念和社会舆论的影响，大众普遍认为“结婚生子、传宗接代”是人生不可推卸的责任。究其缘由，主要是“养儿防老”的观念深入人心。在传统认知里，子女是人们老年生活的依靠。另外，很多人深受“不孝有三，无后为大”的传统观念影响，家族血脉的延续被视为孝道的重要标准。还有非常重要的一点是，社会舆论的压力如芒在背，别说不婚不育，就是“剩女”都会连带着家族被取笑，遭人指指点点。

但现在，随着经济发展、教育水平的提高，以及社会福利制度的完善，大众的认知发生了显著的变化。首先，当下育儿的成本和压力令人咋舌，“养儿防老”不再是稳赚不赔的“投资”，也不再是养老的“唯一选择”。同时，“家族”的概念也在人口大规模流动的冲击下逐渐瓦解，越来越多人调侃“家里又没有皇位要继承”，而不再被孝道所捆绑。与此同时，社会舆论的风向也悄然转变，社会不再对单身者求全责备，网络上更是涌现诸如“35 岁独居精致生活”“70 岁姐妹团合租养老”的热门视频，视频之下，众多羡慕的评论纷至沓来。

自我意识觉醒后，越来越多的人意识到，结婚生子很好，但不结婚不生子也没什么不好。因为人生除了结婚还有诸多选择，很多活法值得去探寻。

结婚生子，自然也从“默认的必选项”变成一种“自主选择”。

02

2024 年 9 月，访谈节目《十三邀》邀请到了植物科学画家曾孝濂，在节目的最后，主持人顺便采访了曾孝濂的妻子张赞英，本意大概是想听听妻子如何评价自己成功的丈夫。

令人意外的是，曾孝濂妻子张赞英袒露内心，说和丈夫在一起的日子并不好过。曾孝濂沉浸在自己的工作里，生活里所有的大事小事都由她承担，她的生活和丈夫绑定，哪里都去不了。张赞英说：“如果有来生的话，我绝对走我自己的路，我只要一个工作就完了。”

结果，这几分钟的片段火爆全网，引起了很多女性的共鸣。

究其原因，是越来越多女性意识到，女性不是婚姻的附属品，而是独立的个体，除了结婚还有很多其他的选项，应该挖掘自己更大的价值，去闯荡世界。

随着女性社会地位的提高和独立自主的能力增强，越来越多的女性在经济上不再需要依赖婚姻、依赖男性，婚姻不再是女性获得经济保障和社会地位的少数途径之一。随着教育的普及，越来越多的女性通过自己的努力就能活出想要的日子。在她们看来，如果爱情中没有情感共鸣，伴侣无法共同进步，就没必要进入婚姻。

当然，经济的低迷、就业的竞争、生活成本的攀升等现实因素，也让大众对结婚生育更加谨慎：结婚生育是人生必须做的吗？能解决人生困境吗？是获得幸福的必经之路吗？

如果答案是否定的，结婚生育自然也就不再是必选项。

像我认识的一位女性朋友，她是海外留学归国的博士，男朋友是国企高管，两人谈恋爱两三年依然不考虑结婚。家人担心 30 岁的她可能会生育困难，一直催婚催育。

然而，她的内核非常强大，从不因为父母的压力而妥协，在她看来，结婚和恋爱只是一张纸的区别，领不领证并不是最重要的。至于育儿，她认为自己还没有成长到有心力去负责一个新家庭和小生命，所以也没着急进入人生的下一个阶段。她非常享受和男友的恋爱状态，他们相处得很舒服，都清楚自己想要什么，都喜欢追求事业上的成就感，更享受恋爱里彼此给予的自由和支持。

这位女生表示："我不是排斥结婚生子，我只是觉得应该尊重自己当下内心真实的感受。如果有一天我心有所动，那结婚生子就是顺其自然的事情。"

我是非常赞同她的人生态度的，虽然我一直鼓励姑娘们要寻找对的人生合伙人，实现人生的强强联合，但我从不催婚催育。在我看来，恋爱、结婚、生子和我们在人生中遇到的其他事情一样，都只是"找到自我"的一个途径，本质上，都是为了让自己更自洽，更快乐。

03

于我而言，与人结伴、抚育子女都是人生中非常美好的体验，因为它能体现人类作为社会性动物的本质特征，这不是对传统范式的简单遵循，反而是个体在社会化过程中形成的价值选择。

我一直认为人生要靠自己打拼，不应将人生期待寄托于伴侣。我在30岁之前也确实是这样做的。我凭借自己的努力走出四线城市，在倍感陌生的大城市扎下根，也有了一些成果。但与此同时，我心中也一直有一个想法，那就是：我很想和另一个人“共享人生”。在我看来，如果说人这一辈子打拼要靠自己，享乐也是自己，那就太无趣了。在工作中，我可以一个人是一支队伍，但是在感情中，如果无法跟亲密的人交流和分享，那将是难以想象的噩梦。正如哲学家周国平所说，“没有人独立到了不需要来自同类的爱和善意的地步”，即使你是一个内心很独立的人。

我遇到了我先生之后，我们各自发展事业又相互扶持，每天都很充实和快乐。在爱情的滋养里，我深深地意识到，一段美好的婚姻，必然是双方对未来都心存盼望：“因为和你在一起，我们都成了更好的人。”

婚后这些年，我踏上创业之路，成立公司，做情感博主，参与情感短剧的投资和拍摄，作为嘉宾现身电视节目，成为作家出版图书……我不断探寻人生的新体验，从而拓展生命的价值，这一路走来，很辛苦，但也满溢快乐。我能真切地感受到，我先生因我的点滴进步而由衷欣喜，并且始终是我坚定的靠山。如果没有他当我的见证者和支持者，我未必有兴致继续打拼下去，人生也会变得寡然无味。

至于生育，我现在还没有孩子，但生儿育女是我一直以来的期待，因为这对我来说不是一种义务，而是一种不容错过的人生体验。

苏格拉底说："未经省察的人生是不值得过的。"我身边有很多朋友坚定地选择单身，也有很多朋友热切地期待婚姻，当然也有在传统观念的影响下被动地走上固定道路的人。我觉得不管是怎样的选择，只要是被自己的内心真正认可的，都是不错的道路。

1.6 把伴侣定位为"人生合伙人"，才有1+1 > 2的婚姻

在你眼中，什么才是理想的婚姻？

婚姻不仅是我，而是我们。

有的人觉得，婚姻是女人改变生活的机会，抓住这个机会，找到"对"的人，就能确保后生无虞。于她们而言，"这一生渴望被人收藏好，妥善安放，细心保存。免我惊，免我苦，免我四下流离，免我无枝可依"。

这样的好运估计只存在于童话世界和偶像剧里。

在现实中，没有人会喜欢不做任何贡献、只蚕食资源的“寄生虫”，也没有人能忍受大难临头各自飞的“寄居鸟”。婚姻不是雪中送炭，而是锦上添花，如果没点儿义气，那么婚姻是维持不下去的。

01

在我看来，健康婚姻的核心特征类似于商业合伙关系，而另一半就是你的人生合伙人。

演艺圈有一对恩爱的演员夫妻，丈夫是一名著名的武打演员，后来，因为爱好和梦想，他想转行做导演，但因为他选的题材在当时不被大多数投资方看好，导致招商引资效果不佳。为了保证拍摄的自主性，他选择将自己的别墅抵押来获取资金。抵押之前，他询问妻子的意见，妻子非常坚定地支持他，并表态：“电影赔了我养你。”这给了丈夫非常大的支持和动力。最终，该电影取得了巨大的成功，这对夫妻也因此获得了丰厚的回报。

在这个令人动容的故事中，我们看到了婚姻中最美好的样子，同时也能深刻感受到其中潜藏的巨大风险。从梦想的角度来看，这位著名武打演员丈夫对导演事业有着强烈的向往。然而，梦想的道路布满荆棘，他所选择的题材不被投资方看好，这无疑是一个沉重的打击。在这种困境下，他决定孤注一掷，抵押别墅，这是一个风险极高的决策。因为一旦电影失败，不仅意味着失去房产，还有可能背负巨额债务，使生活陷入困境。

而妻子的回应则是这个故事中最温暖且关键的部分。“电影赔了我养你”，这样简单的一句话，蕴含着对丈夫无比坚定的信任、支持与爱。这表明在婚姻中，夫妻二人是彼此最坚实的后盾。在面对可能导致倾家荡产的风险时，妻子没有丝毫犹豫，这种勇气和深情，是婚姻珍贵之处的深刻体现。当我们看到电影最终获得巨大成功，夫妻二人收获丰厚回报时，我们为他们感到欢喜。然而，我们不能忽视，如果结果失败了，他们就可能要面对生活的崩塌。这也让我们明白，婚姻不仅仅是共享成功的荣耀，更是在面对巨大风险时的相互扶持、不离不弃。

合伙人生，不仅仅意味着共享收益，更意味着共担风险。

02

婚姻可以是夫妻的避风港，但绝不是万能的避风港。

我们需要明确一点：夫妻二人本就是相互独立的个体，各自都拥有独特的情绪与需求。我们不能奢望伴侣可以完全满足自己的一切要求，在遭遇问题时，也不应完全依赖对方。

当然，这并不是说，步入婚姻之后，夫妻双方仍要像单身时那般泾渭分明，经济上实行 AA 制，风险也各自承担。而是说，作为夫妻，共担风险、共同承担责任是必要的，与此同时，作为成年人，自己分内之事必须自己承担起来。伴侣愿意与你共同承担风险，这是婚姻赐予的福气，可我们不能事先设定预期，然后以此去勉强对方，去对婚姻抱有不切实际的期待。

个体心理学创始人阿尔弗雷德·阿德勒（Alfred Adler）提出："我们每个人都有属于自己的课题，所有人际关系的冲突，都源于没有清楚地分清课题。人们真正需要学会的，是在课题分离的基础上，如何去爱。"于婚姻生活，我们也应当学会独立应对自己的情绪和问题。不要一踏入婚姻，就让自己退化为一个孩童。婚姻是两个成年人共同组建新的家庭，如果变成一方像成人般照顾如孩子般的另一方，那这种不对等的关系极易引发问题。

电视剧《知否知否，应是绿肥红瘦》里的婚姻观就非常值得大家学习。明兰在遇到危机时，选择自己去应对，丫鬟不理解，询问她为何不找侯爷顾廷烨。明兰当时说了这样一段话："这天下没有谁是谁的靠山，最好不要太指望人。指望越多，难免会有些失望。失望越多，就生怨怼，怨怼一生，仇恨就起，这日子就难过了。"这段话值得每个人认真学习。

事实证明，在这段婚姻中，当顾廷烨在外拼搏厮杀时，明兰利用智慧稳稳守住后方。他们各自履行着责任，又能在对方需要时相互支持，共同进退。处于这种婚姻模式，夫妻双方就如同人生合伙人，彼此没有过度的依赖，也没有单方的付出，双方都是独立又相互扶持的个体，也正因如此，他们才收获了 1+1 ＞ 2 的婚姻。

婚姻不仅是我，而是我们。只想着自己能从对方身上得到什么的人，以及从不愿意为对方做点儿什么的人，是不适合进入婚姻的。

03

美国教育学家马尔科姆·诺尔斯（Malcolm Knowles）曾说："婚姻不是一张彩票，即使输了也不能一撕了事。"

我们不能期待婚姻帮我们解决人生中的大部分问题，也不能因为婚姻没能为自己雪中送炭而放弃它，婚姻不仅是一纸契约，更是人间道义。两个人在一起，如果因利而聚、利尽而散，那是很可怕的。如果没有和另一个人相互扶持的打算，就不要轻易结婚。

曾经有个女孩向我求助："Mu姐，我和先生结婚都一年了，他爸妈本来答应给我们买超一线城市的200平方米的婚房并且写我的名字，说着说着就变成了90平方米，结果到现在都没有买。跟先生抱怨，他嘴上答应去催他爸妈，但一点儿行动都没有。我感觉自己被骗婚了。我要怎么办？现在离婚还来得及吗？"

然而，当我仔细了解情况之后才发现，男方家庭没有履行承诺，是因为家中老人去世前生了重病，光是治疗费就花掉了接近一半的积蓄。女生这时揪着"婚房承诺"不放，无疑是雪上加霜。事实上，90平方米的婚房，已经把长辈所有的积蓄都掏空了。

说到底，还是因为她没有把伴侣当成人生合伙人，缺乏义气和感恩之心。

如果她没有共同承担风险和责任的意识，即便离婚、再婚，也很可能再次陷入困境，那还不如把这段婚姻当成“公司”，和先生好好合作，一起为共同的未来添砖加瓦。

综上所述，如果我们下定决心要进入婚姻的殿堂，那就一定要有“把伴侣定位为人生合伙人”的心态，这样才能实现 1+1 ＞ 2 的婚姻。注意，这里的“1+1 ＞ 2”不仅是指物质上的收益，更重要的是精神上的满足。只有两个人在一起时能互相支持、相互鼓励、相互成就，共同成长为更好的自己，婚姻才是有意义的。

此外，我非常建议大家婚前“试婚”，这主要是指大家多一些和生活正面交锋的机会。如果恋爱期间，两人就因为“你不够付出”“你不够爱我”之类的问题争吵，或者婚前就因为彩礼或者房子的问题闹到面红耳赤，那么婚后也大概率会出现问题，但如果相处期间，大家有商有量，相处状态让彼此都很舒服，那这个婚大概率是可以结的。

人生是一段漫长的旅程，我们必须找到合适的同行者，因为这实在是一个关乎人生质量和幸福的重大抉择，所以，请务必不要为了完成人生进度而盲目结婚，一定得选同频的人生合伙人，共同经营 1+1 ＞ 2 的婚姻。

第2章

智慧脱单：
爱情很公平，好姻缘得早规划

2.1 想要遇见好的爱情，必须主动拓宽社交版图

我经常讲，好的爱情不单单看缘分，还得靠“谋划”。越规划筹谋就越容易掌握主动，也就越有机会把命运掌控在自己手中。

然而，很多人习惯“等待”爱情，他们往往一边原地不动，一边愁着对的人为什么还不来。

来直播间咨询的一位用户，27岁，从没谈过恋爱。她是个很乖的女孩，从小就认真读书、家校两点一线，没什么额外的社交活动。后来她听父母的话，考进了一所学校当老师，也是除了工作外完全不社交，也不打扮，也不主动去认识异性。一开始还有同事给她介绍对象，但她很被动，总等着男方邀约，导致见了一面后就没下文，后来就无人问津了。学校里的男老师也几乎都是已婚人士，因此她始终没有恋爱机会，至今仍是情感空白者。

我问她：“你现在是花一样的年龄，个人条件也不错，在婚恋市场应该很吃香才对呀，你难道就不想遇一遇吗？”

她的回答，让我有点震惊，甚至是无语：“啊？这样子不会显得太刻意了吗？找对象这件事，不都是男生主动的吗？”

我只能在心里默默地为她的未来捏一把汗，并苦口婆心地在直播间里劝导她，要“打开”自己。

01

很多人，尤其是女孩，在爱情面前有非常多的迟疑、犹豫和内耗。

“我主动了，会不会显得太掉价？”

“要是被拒绝了，那该多难堪啊。”

“万一他不是真心的，我岂不是会受伤？”

……

这些念头如影随形，在每一个可能邂逅爱情的瞬间，将他们拉回原地。

我当然理解这种心情。庆幸的是，任何一种能力都可以通过刻意练习而得，前提是——你必须调整认知，处理心中的“卡点”。

好的资源是需要去“争”的，如果你想找到好的伴侣、收获好的姻缘，就得靠自己去争取。不仅仅是亲密关系，在任何领域都是如此。广州的珠江新城就那么大，人人都想住进去；三甲医院就那么多，人人都想挂专家号；公务员就那么些岗位，人人都挤破头去考；名牌大学谁都想上，努力读书就为了多考几分。明明已经从小就习惯了去“争”好资源，为什么恰恰在爱情这件事情上就不开窍了呢？

好的爱情，是不可能在等待和空想中自动降临的。比如说，你天天窝在家里，就算邻居是真命天子，也找不着门给你送玫瑰；若邻居终于因为某个机缘来敲你家门，这时候你再犹豫和退缩，就会让真爱从你身边溜走了。

爱情就像是学游泳，你站在岸上看不下水，就永远都学不会。然而，当你真正下场，就会发现，你不但有机会收获爱情，近距离了解对方的性格、价值观，更重要的是，在与对方的互动中，你会有更多机会发现自身的优点和不足，更深入地了解自己的真实需求，进而不断完善自己，从而获得一个追逐更好的自己的过程。

一段感情，就像镜子，照出你所不知道的自己。

记住，等待，大概率只会蹉跎你的美好青春；

主动出击，勇敢追求爱，才有机会把握命运。

毕竟，你得先出发到广袤森林，才有机会选择自己喜欢的树木！

02

主动出击的第一步，是拓宽你的社交版图。

现在是一个展示自我、优质社交的最好时代。各类社交软件、兴趣论坛、学习平台等，都是我们扩大社交圈的优质渠道。试想一下，你的理想对象可能出现在什么平台，你就去平台偶遇他就好。比如在健身打卡的应用（App）里，你就有可能遇到一位和你一样热爱运动、自律向上的男性；在以商业知识和时事为主的平台，就容易遇到事业心比较强的男性。线上社交可以让我们突破地域与时间的限制，快速与同频人建立联系，增加遇见爱情的概率。

当然，有机会的话，尽量为自己多找一些面对面的线下社交机会。

比如逢年过节会有非常多的酒局、活动局、商务局，呼朋唤友一起参加，多认识几个新朋友，生活也会变得更有趣。我们也可以根据自己的兴趣爱好，主动参加线下活动。喜欢阅读，可以多参加同城读书会，可能就有机会遇到同频的异性；参加行业峰会，在专业知识的交流碰撞中，遇到和你有着相似职业抱负和奋斗精神的人；多多在市中心晨跑，就有更大的机会遇到都市精英。**很重要的一点是，一定要多和“比你厉害”的人社交。**优秀的人，身边的圈层和朋友都优秀，让优秀的人带你去更优秀的圈子社交，就会为自己争取全方位成长的好机会。

值得注意的是，不管是线上社交还是线下社交，不要轻易相信那些过于完美的人设和甜言蜜语，也不要急着相信“一见钟情”，在没有深入了解之前，不要透露自己的家庭住址、财务状况等重要隐私信息。总之，在勇敢追爱的路上，先保证安全，再追求爱情。

03

主动出击，勇敢追爱的第二步——用“事业脑”谈恋爱。

用“事业脑”谈恋爱，不是让你把爱情当成一场生意，而是要像对待事业一样，有目标、有规划、有行动、有复盘。

1. 根据目标，规划好“拓客”渠道

做事业时，我们会积极拓展获客渠道，尽可能吸引更多的用户，然后从中筛选出可能为产品买单的精准用户。

爱情也一样，我们也要拓展自己的社交渠道，扩大自己的圈子，只有这样才能接触到更多的异性，才有机会从中选出同频的人。

仔细想想，当你手头只有一个客户的时候，是不是就总担心他会跳单，你会软磨硬泡，就为了把这个单子给开了。其实这样的成交并非建立在双方的真实需求基础上，后续反而容易激发矛盾。真正的解法是想办法把客户池子扩大，只和那些需求匹配的人做生意。

恋爱也是如此。如果你不多遇到几个人，不对比，你就永远不知道当下接触的这位是不是你的最优选。我在直播间就遇到过很多女生，明明自身条件可以匹配更适合的男生，却非要逮着一个对自己不感兴趣的人不放，本质上就是她的“客户渠道”太窄，“客户流量池”太少。

2. 多行动多复盘，链接优质客户

事业上，我们越多和客户接触，就越了解客户的需求、痛点，就能更好地对接资源，提供服务，这个过程不断持续，自然就能辨别出优质客户，不在错误的方向上浪费时间。

同理，爱情也如此，别人说一万遍爱情很美好，也不如自己亲自谈一场。只有亲自尝试过，才知道爱情到底是什么，亲密关系到底是什么，什么适合自己。当找不到爱情，或者爱情路上出现问题时，不要像个孩子一样只知道哭闹埋怨，等待别人来救援。换个角度，像处理工作难题一样，冷静分析，找出问题根源，尝试用科学的方法解决，不断复盘并提升自己各方面的能力。就像在事业上追求晋升机会一样，让自己始终保持吸引力和魅力，也就有了更多机会链接对的人。

说到用事业脑谈恋爱，我想起我的一个大学同学，当年轻姑娘都沉浸在“霸道总裁爱上我”的偶像剧里时，她已经目标清晰地“锁定”了合理范围，并且确定了一系列动作筛选优质对象。

她会通过与不同学院或各种社团的男孩接触，观察他们的消费水平，还会呼朋唤友，去潜在对象家玩。同学们是真的去玩，但她其实是去“实地家访”查探对方家境的。后来，她果然找到了一个条件不错的男同学谈恋爱，毕业后直接结婚了。当时，我们很多同学都觉得她太过现实，不太认同她的做法。只有我知道，她是开窍得早。这么会规划、有行动力的女生，自然比旁人拥有更多主动权和机会。事实证明，她后来也确实活成了大家都羡慕的模样。我们未必要像她那样对待爱情，也未必拥有她那样的魄力，但她身上有一点很值得大家学习，那就是——清楚自己要什么，确认目标，努力争取，不要等着幸福来敲门。

我反对“盲目等待爱情”或者“被动接受爱情”，我认为，爱情一定要主动追求，就像主动追求学业、事业一样。从本质上讲，这都是为自己挖掘更多机会，开拓空间，在这个过程中，逐渐成长、蜕变，挖掘出本来就很好的自己，也才更有机会遇见同频的人生合伙人。

2.2 我明明条件那么好，为何还是孤身一人？

来咨询的用户中常有这样一群人，他们很优秀，在人生舞台上熠熠发光，却在爱情里形单影只。他们困惑、迷茫甚至不甘："我明明条件那么好，怎么就找不到对的人呢？"

这不仅是一句自我追问，更是对爱情和婚姻的不解，但如果从婚恋角度深入剖析，就能发现这句话背后复杂而微妙的答案。

01

其实，你所理解的好，对方未必觉得好。

这话虽然扎心，却是事实。

我们以女性为例。当下，女性有越来越多的机会站上人生舞台，她们拥有良好的家庭背景，又凭借自身的努力获得了高学历，事业上也获得了令人瞩目的成就，这些能量在物质和精神上给了她们无论在任何场合都能游刃有余的力量。

在女性自我成长与社会竞争的赛道上，这些特质无疑极具亮点。

像我的一位女性朋友，她是我们朋友圈里赞不绝口的女强人，32 岁，凭借一己之力在一线城市成功创业。对外，她带着几十名员工冲锋陷阵；对内，她让家人过上了体面的生活。因此，她身边的亲人朋友，包括她自己，都觉得她一定能和一位优秀男性“强强联合”。遗憾的是，挑挑拣拣好几年，不是她看不上别人，就是别人看不上她，结婚从此成了她难以言说的痛。

一个女人凭借自己的力量有钱、有事业、有车、有房，是不是已经足够优秀了呢？那为什么在婚恋市场却一直找不到对的人呢？

因为，在男性的择偶视角中，这些“优秀”未必都是加分项。

对于一些男性而言，面对一位 30 多岁的事业女强人，尽管会佩服其成就，但更可能因为大男子主义情结或传统认知，在情感上对此类女性望而却步。

也就是说，女强人眼中的理想对象并不把她们当作理想对象。

男性的择偶需求一直很明确：年轻、美貌、健康。简单来说，社会对男女角色的固有期待以及生物本能的进化发展，深刻影响着两性在择偶时的考量，这种性别角色认知的差异，使女性眼中的优势在爱情的博弈场上不能发挥预期作用，反而可能成为阻碍。

02

无奈的是，被“剩”下的人，内心往往都有一个执念，叫作“值得”。

当一个人在自我认知里构建了较高的价值体系，便会在择偶时不自觉地秉持一种高标准的期待。“我这么优秀、这么好，值得遇见更优秀的人。我一定要找一个特别优秀的人。”这是对理想伴侣的执着追求，但在某种程度上，可能也是一种脱离现实的执念。

例如，我那位 32 岁的女性朋友，她虽然希望通过相亲等方式尽快结婚，但她在心底设定了非常多具体且严苛的择偶条件：他得比自己高、外表要干净、有男人味、经济条件不能比自己差、要门当户对、学历不能比自己低、得细腻体贴，并且能为她提供情绪价值。

这些条件单独看或许并不算高标准，但当它们被一一罗列叠加，就如同一张密不透风的网，将众多潜在的合适对象都拒之门外。仅有一次，有位朋友为她找到了一个各方面都符合她要求的相亲对象。对方是一位非常儒雅的大学教授，和她的公司做的是同一个领域的，唯一一个问题是这位男士已经 38 岁了，家庭条件一般，还有一个没结婚的弟弟。然而，她却非常坚定地表示：“我不找家庭条件差和多子家庭的。”

很可惜，有些“优秀”的女生始终带着“值得”的执念，不愿意调整择偶标准。这种执念的背后，其实是对爱情不切实际的幻想。

大多数人往往害怕在爱情中委屈自己，担心一旦降低标准，便是对自己的一种贬低。于是，在不断的等待与寻觅中，时间悄然流逝，那个符合期待的理想伴侣始终未曾出现。

03

择偶过程中，许多人被过多的外在条件所束缚，限制了自己的择偶范围。“矮的不要、土的不要、不体贴的不要、家庭条件不好的不要、学历比我差的不要……”最终，标准太多，计较太多，什么人都不合适。

其实，不是你被“剩下”，而是异性在你的世界里剩不下。

我有一位来咨询的女性用户，她是某重点小学的语文老师，被朋友笑称“黄金剩女”。其实她很温婉，各方面条件都不错，她之所以被“剩下”就是因为择偶要求太过严苛。

她总是说：“只要顺眼就好。”可一相亲，她的标准就提高了，不是嫌弃男方不够高，就是担心男方工作太忙，要不然就犹豫公婆不好相处。最夸张的一次，男方外在条件都不错，但她说：“没感觉。”

“没感觉”一出来，就只能让她在一次次的擦肩而过里与爱情失之交臂。与其说她被“剩下”，不如说在她严苛的标准下，没有人有容身之地。

姑娘们或许会有疑惑：难道择偶不需要标准吗？

当然需要，但在爱情的旅途中，一定要学会“抓大放小”。明确自己在一段感情中最看重的究竟是什么：是人品，是价值观的契合，还是拥有共同的生活目标？请抓住核心要求，将那些身高、体重、家庭背景等相对次要的条件适当放宽，以更加开放和包容的心态去接纳他人。

我们得先在森林里找到自己的那棵“树”，才有机会让爱情生根发芽。如果连机会都不给，再大的“森林”也只能属于别人。

遇见一见面就“感觉对”的人当然好，但如果遇到大方向匹配的人，是否也可以先接触接触，日久见人心，说不定，当初“没什么感觉”的那个人，反而很会过日子。

“我明明条件那么好，为何还是孤身一人？”这个问题不应该成为爱情路上的枷锁，但可以成为我们寻找爱情和个人成长的契机。优秀当然值得骄傲，但在爱情里，适当放下一些执念，理解与尊重两性之间的择偶差异，把“好条件”变成爱情里的锦上添花，这才是我们成年人理智面对爱情的方式。

那时候，我们才会惊喜地发现，对的人似乎就在转角处。

2.3　家庭条件普通的女生，如何获得幸福？

有的人，一出生就在罗马；

有的人，终其一生都未必能到罗马。

人与人的命运就是如此参差。

在我所接触的众多女孩里，有相当一部分出身于普通家庭，经济上不富裕，父母也没什么文化，这些姑娘和上一辈人在思想上充满了隔阂，急切地想要离开原生家庭。尽管她们长大之后来到了大城市，但心中还是充满着不安，自卑的烙印如影随形，她们想要活出和父辈不一样的人生，却每一步都走得极为艰辛，尽管付出诸多努力，却依旧感觉罗马遥不可及。

“前方，是容不下我的大城市；背后，是不愿意回去的故乡。路途未竟，岂得返程？”

我由衷地想对这些姑娘们说一句：“我非常理解你们。”

因为，我也曾是这样的姑娘。

我出生在湖北的一座四线小城市，是一个平凡得不能再平凡的女孩。小时候我成绩差，身材肥胖，大饼脸，短发，内心的自卑使我走路时都习惯性地蜷缩身躯，生怕因肥胖而妨碍他人，进而惹人厌烦。那时候的我，在人群中毫无存在感可言，我暗恋的男生都不会多看我一眼。这种窘迫的感受，我想每一个陷入自卑的青春期女孩都曾有过。我就像一只被困于虫茧之中的毛毛虫，无数次幻想自己能够破茧成蝶。

但是！

我对自己、对未来都非常有信心。这得益于我开窍早，早早为自己的人生做了规划。从四线小城市的自卑姑娘到现在拥有热爱的事业和幸福婚姻的我，命运到底是怎么改变的呢？

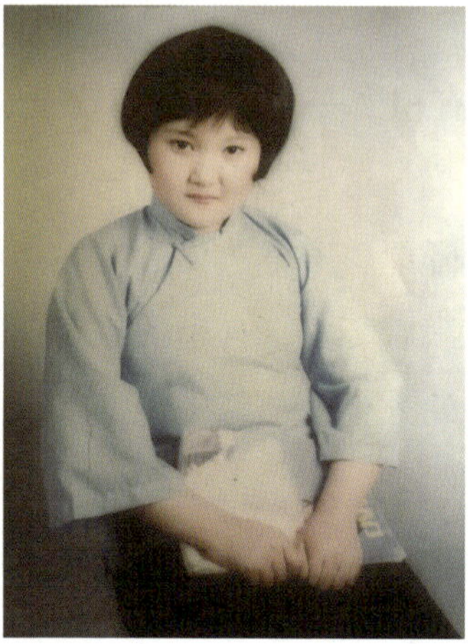

01

改变命运的第一个关键契机，毋庸置疑是“读书”。

“读书改变命运”绝对不是一句空洞的口号，对于普通人来说，读书是非常可靠的路径。我非常笃定，努力考入更优质的大学，挑选更具就业前景的专业，获得高学历的文凭，能够为自己带来谁也拿不走的核心竞争力，为未来的人生奠定坚实的基础。

我之所以想报考传媒相关专业，不仅因为我想离开小城市，去更大的世界闯荡，更因为传媒行业能让我接触到更多优质的圈层和人脉，而这些正是让我突破认知、改变命运的重要基础。当时，家人、朋友都不理解我的想法，觉得我是白日做梦，毕竟当时的我身材和长相都很普通，但我不服气，我争分夺秒地学习，坚持一年合理饮食，最终成功瘦身，以很好的精神面貌前往北京追逐梦想。

我记得，那年北京下大雪，我独自拉着行李去参加艺考，和同学在地下室合租，屋子里特别特别的冷，但皇天不负有心人，当年又胖又傻的“丑小鸭”，成功通过了艺考环节。虽说最终未能踏入心仪院校，但我幸运地考上了成都的一所大学，也选择了我心仪的专业——广播电视编导专业。大学毕业后我就进入了省级电视台工作，事实证明，主持人的身份和经历成为我人生最坚实的地基，为我后来的事业和情感发展带来了巨大的助力。

这也是我屡屡在直播间劝导姐妹们，一定要多多学习、多多提升的原因。如果学历一般，那我们更要找途径提升，而“读书”是我们改变命运最便捷也最有效的途径。这个社会，有的人先敬罗衣后敬人，如果没有一张好的个人名片，可能别人都未必会多看你一眼。直到步入社会，我们才会理解，“学历”和

“学识”可能是我们最容易获取的个人名片。

02

改变命运的第二个关键契机，是“选城市”。

对于原生家庭普通的女孩而言，定居城市的选择等同于生活模式的抉择，更意味着对未来发展走向及可能性的抉择。在不同城市间权衡考量时，不能只考虑城市一时、表面的机会，而应该深入考虑城市能给予的长远发展空间、切实可行的福利等。

我毕业时也面临着去北京还是去广州的两难选择。北京是传媒人的梦想殿堂，有着数不尽的机遇与挑战；而广州，在传媒行业的知名度与北京相比确实略显逊色，但广州的落户政策深深吸引了我。深思熟虑之后，我最终敲定去广州。

因为我深刻地认识到，落户意味着我能获取这座城市的居住权益、房产购置权等。23 岁那年，我成功落户广州，立志未来要在这里定居、买房、组建家庭。

后来，我全力投身于事业，在省级电视台担任主持人，主持各类节目、会议、活动，诸如罗振宇跨年演讲广东分会场主持人、江西卫视的《玫瑰之旅》、江苏卫视的相亲节目等，我一步一个脚印地积累了丰富的人脉资源与宝贵的实践经验。几年后，我依靠积蓄顺利地在广州购置了属于自己的房产，之后也成功组建了温馨的家庭，开启了我“情感博主”的创业之路。可以说，正是我当初的城市选择，使我的人生以更高速的方式前进，让我开启了充满希望与机遇的全新人生。

03

改变命运的第三个关键契机自然是“工作”。

强烈建议女生选择能“名利双收”的工作。

很多应届毕业生在最初找工作的时候，会抱着试试的心态，觉得自己还年轻，好工作可以慢慢试慢慢找。我非常不赞同这种想法，因为毕业后的第一份工作真的能决定未来的发展高度。

尤其是家庭条件普通的女孩，我强烈建议找工作时认真考虑“名”和“利”，因为这两个因素既有利于我们在新城市站稳脚跟，更是提升自我价值的关键。

“名”，是指社会给予的认可与尊重，是一种无形却珍贵的资产。

“利”，则是指物质积累，是实现经济独立的关键。

像我的一位老乡，她喜欢陪伴在父母身旁，打定主意要回老家当老师，但一个毕业生回老家未必能获得好职位。于是，她规划了一条“曲线职业路线”：先到深圳某学校应聘教师职位，用三年时间了解一线城市的专业教育体系，同时为自己攒了笔钱，之后再回老家。就这样，她有了一线城市名校的教学经验，并因此很快就入职了老家最好的初中且被学校当成引进人才重点培养，此外，她有存款傍身，在老家为自己买了车和房子。这让她在婚恋市场有了更大的选择权。用她自己的话说：

“大家都很尊重我，都高看我一眼。”

可以说，多这一步“规划”，让她比同龄人成长得更快、更稳。

慎重地选择工作真的非常重要。像我的另外一位朋友，她是研究生学历，在校期间成绩非常好，但因为忙着谈恋爱对求职之事漫不经心。毕业后，她跟着男友回老家，随便找了家小规模的公司担任秘书一职。在那里，她既没有得到锻炼，也没有赚到钱，自身的灵气也在琐碎、繁杂的日常事务中逐渐消磨殆尽。直至后续面临跳槽困境，四处碰壁之时，她才幡然醒悟，却是追悔莫及。

一份有“名”的工作是我们在社会舞台上的名片，而“利”则是让我们挺直腰杆、自信生活的底气。只有两者兼得，才能在人生的道路上大步前行，实现自我价值的最大化。

04

改变命运的第四个关键契机——毋庸置疑是“结婚”。

严格来说，人这一生有两次彻底决定命运的机会，一次是出生，另一次是结婚。我们虽然不能选择怎样出生，但可以通过“读书”“工作”“选城市”将选择权掌握在自己手中，从而获得改变命运的新机会——通过筛选人生合伙人，与其携手前进。

我认为，女生应该在恋爱过程中锻炼自己经营亲密关系的能力，让自己不在恋爱中迷失。用心筛选结婚对象，因为他是和我们一起共享人生、共担风雨的“自己人”。

我自己对婚姻有很清晰的规划——30 岁之前要找到合适的人结婚。我曾被现实生活“毒打”过，也在爱情里受过伤，但我依旧相信爱情和婚姻，更期待能遇到一个人，和他分享我的喜怒哀乐和余生。**我深知，对于家庭条件普通的我来说，婚姻不仅是爱情的归宿，更是让人生更进一步的阶梯。**因此，我在感情中始终保持着清醒和理智，从来没有在恋爱中随波逐流。在确认了对方的人品、与我的适配度后，在与他恋爱两个月后我主动推进了这段关系，步入了婚姻。婚前，我先生把全部身家交到我手上；婚后，他也没要求我回家当全职太太，始终支持我创业，并给我指导。我们给予对方足够的爱和尊重，但更重要的是，我们通过婚姻，成了“利益共同体。”

普通女孩想逆袭，必然会遇到诸多风雨。不过也无须羡慕别人，因为当我们穿过山川湖海，在读书路上提升了认知，在事业上更上一层楼，在新城市闯荡出一片天地时，我们会发现，把命运掌握在自己手中的感觉真的太棒了。

加油吧，姑娘们！

2.4 为什么择偶定位是个伪命题？

我不做择偶定位的咨询是有原因的。在我看来，择偶定位就是一个伪命题。“我想要长得高、长得帅的，人品要好，要有才华，事业有成，愿意付出，能对我好，可以提供情绪价值，不能有不良嗜好，不能有婚史，家庭条件也不能太差，而且不能有花花肠子。”

令人感到无奈的是，热衷于择偶定位的姑娘，容易沉浸在这样的幻想之中，最终形成攀比。

事实上，大部分人择偶困难都不是因为条件不够好，而是把理想伴侣标准定得太高，导致很容易与爱情失之交臂。可谁又愿意把目标定低了呢？马云都说了：“梦想还是要有的，万一实现了呢？”

因此，择偶定位，仅供娱乐，如有实现，纯属捡到。

01

来找我做咨询的一位女性用户，她个人条件非常好，在北京工作，年收入也能达到三十几万元，并且她学历很高。自然，她的择偶标准也很高。

虽然她一直在相亲，但因为自身条件很好，标准太高，陆续相亲了好几年都没遇上合适的人。在这个过程中，有个一直对她示好的同学也在北京工作，和她一样在“985”高校本硕连读，年收入比她还多。另外，男方在深圳还有自己的房子，算是她目前遇到的最合适的人选。

然而，她非常犹豫，因为她觉得男方的家庭条件不太好，比不上她家的家庭资产。

另外，她身边条件普通的闺蜜中有人嫁给家庭条件更好的人，这让她觉得委屈："我这么优秀，工作发展也好，自然要嫁进一个条件非常好的家庭。"

可她已经年近30岁了，这使她非常迟疑："Mu姐，你觉得我和他的条件匹配吗？我该怎么办呢？"

在她的择偶标准里，男方各方面的条件一定要比她好很多。如果她20岁出头，我或许会建议她再等等看，但以目前的情况，我建议她——迅速调整择偶标准。

（1）男方学历、工作、收入和能力各方面都很不错，唯一比女方差的是家庭资产，但我们择偶不能只看一个条件，何况夫妻过日子主要看两个人的发展。

（2）受世俗眼光限制，30岁或者更大年龄可能更难遇到合适的人，即便遇到了也未必能把握得住。

（3）生活要向下看，工作要往上看。日子是自己过的，千万不要和别人比，别人能嫁得好肯定有别人的原因。只祝福不对比，我们需要把眼光放在自己身上。

本质上，择偶标准是为了帮我们更快找到对的人，而不是把所有人都阻挡在外。关键时刻，一定要及时调整，灵活处理。

大家一定要记住，可以有择偶标准，但要相对变通。

02

与其空想择偶定位，不如大大方方地去谈一场恋爱。

只有在恋爱的过程中，我们才能真正总结出自己内心深处相对准确的择偶需求。

比如说，你在恋爱前可能认为自己一定要找一个能时刻陪伴在身边的人，可当真谈恋爱后才发现，你其实也很需要独立的空间，但你的男友过于黏人，这让你感觉很压抑。那么，通过这次恋爱，你就明白了，你其实更适合找一个能够尊重彼此个人空间的伴侣。

当然，我们也未必一定要在具体的恋爱里去验证自己的择偶需求。毕竟，我们未必有那么多的机会去恋爱。事实上，多和异性交朋友也能让自己拥有验证和调整需求的机会。

比如，和普通异性朋友交往的时候，你非常习惯对方哄着你，而个性高冷的男性不管外在条件多好，你都不愿意和这类人一起玩，那么你就能推断出，自己其实适合找“包容性强的男友”。慢慢地，你的择偶定位不就越来越清晰了吗?

只有实际去遇，才知道自己能遇到什么样的人；

只有真正去谈，才知道怎样的人适合自己。

2.5　大龄单身，有勇气才有机会

不得不说，大龄单身人士在社会中面临了太大的压力。

电影院里成双成对的情侣在你面前相互“投喂”，而你抱着一大桶爆米花不知道怎么吃完。出去吃顿好的吧，很多店里没有单人套餐，想找个饭搭子，却被对方告知要陪男朋友。逢年过节，最怕的不是亲戚朋友催婚，而是前两年大家都还在着急地给你介绍对象，今年突然就对你不管不顾，转而去催表弟表妹生孩子了。那种落寞，想说都没地方诉说……另外，社会的固有观念，常常把大龄单身定义为“异类”。

工作中能力出众的你，仍遭到质疑：“年纪这么大还没结婚，能安心工作吗？”

即便你个性很好，在婚恋市场依然被指指点点：“这个年纪没结婚是不是有什么难言之隐？”这种偏见如同阴影，笼罩着大龄单身人士的方方面面，使他们感到非常无奈。

01

很多人认为有的人大龄单身，是因为自身条件不好。

其实未必。

他们中的很多人其实条件不错、工作稳定，并且长得也不算差，甚至不乏学历高、经济条件好的人。按理说这部分人不应该被“剩下”，只是他们的择偶标准太苛刻，把缘分拒之门外。

“他长得不够高”“他讲话的感觉不对，油油腻腻的”“他学历不高，感觉我们聊不来”“他工作这么忙，每周都见不了一次，怎么谈恋爱”“我也不知道啊，反正就是不来电”……他们在选对象的时候采用“减分制”，甚至是“一票否决制”，要求伴侣必须是符合理想的，必须是完美无瑕的。他们信奉“宁缺毋滥”，结果就是缺着缺着最终被耽误了。

其实，在恋爱这件事上，最大的成本不是谈错对象让自己受伤，或者说是“玷污”了美好的初恋经历，而是在挑挑选选的过程中浪费了时间。当你在爱情的大门前犹豫徘徊时，你的同龄人都已经谈过好几场恋爱了，而你还是恋爱小白。

这会引发新的问题。

一个恋爱小白带着苛刻的要求去找对象，结果是双重打击。

我有一位用户，她是36岁的律师，气质优雅，面容姣好，年轻时也有不少人追，但因为她从小优秀到大，对另一半的要求很高，这导致她一路挑挑拣拣，成了大龄单身人士。

她需要每天处理大量的案件卷宗，参加庭审，这导致她的社交圈子非常窄，基本局限于律师同行、客户以及一些司法界的人士。随着年龄的增长，她下班后很少再去尝试进入新的社交圈子，以至于没有什么机会认识新的异性朋友。

幸运的是，在一次高端商务酒会上，她结识了一位留学回来的男士。这位男士很有风度，谈吐得体，各方面条件都非常符合她的择偶标准。两人在酒会上互留了联系方式。之后，这位男士主动约她吃饭看电影，她也满心欢喜地赴约。本以为自己多年等待，终于等来了对的人。

谁承想，缺乏恋爱经验的她在约会过程中，表现得非常紧张和不知所措，她不知道如何与男士互动，聊天时总是不自觉地把话题引到工作或者一些比较严肃的话题上。一来二去，男士也不知道再跟她聊什么话题了。后来，这位男士再没有联系过她。她觉得尴尬也不好意思主动联系，导致这段感情刚进入萌芽期就被扼杀。

02

大龄单身想要摆脱困境，只有一个办法：

降低标准去谈恋爱，勇敢地去谈恋爱。

要知道，爱情不是纯粹的匹配问题。这世上没有一个与你完全契合的“另一半”。爱需要修炼，如果不具备基本的恋爱素养，世上就没有任何一个人能与你契合。

艾里希·弗洛姆（Erich Fromm）在《爱的艺术》（*The Art of Loving*）里提道：“爱情与成熟度无关。如果不努力发展自己的全部人格，那么每种爱的努力都会失败；如果没有爱他人的能力，那么在自己的爱情生活中也永远得不到满足。”

爱是能力，是要修炼的，千万不要空长年纪，不长能力。

比如，在与恋人相处的过程中，学习如何聊天。要怎样倾听，捕捉到恋人话语背后的情绪与需求？又该如何用有趣的表达方式进行回复？

或许我们可以在课堂上学习理论知识，但是相处过程中的微妙情感、面红耳赤的瞬间、心跳加速的反应、恋爱中的默契、一句话背后的情感汹涌、一个动作背后的亲密表达……想要真正学会爱、理解爱，就必须如游戏中的角色在不断的战斗过程中提升等级与技能一样，在真正的恋爱过程中实操，感受爱与被爱，感受恨与被恨，感受不同的情绪，最终才能积攒经验，懂得如何爱，如何相处，如何经营亲密关系。

03

在这个尝试过程中，除了恋爱技艺能够提升，你还有可能收获意外之喜——那就是谈着谈着，发现自己当前的对象很适合自己。

像来找我做咨询的一位用户，她 38 岁，在二线城市一家国企担任高管。她长相普通，个性较强，兜兜转转一直没遇到合适的人。她单身了很多年，以至于她自己也习惯了用忙碌的工作来填补恋爱的空缺。直到一个深夜，她头疼欲裂，挣扎着想要起床去医院，却连起身拿手机的力气都没有，最终晕厥了。也不知道过了多久，她才缓缓醒来。就在醒来的那一刻，她第一次感受到孤独和无助，她的心中涌起一股强烈的渴望，想要赶紧找个人结婚。

这件事后，她火速安排相亲，并且降低了择偶标准，只要求一条——男方顾家就行。

目标明确之后，她很快相亲成功。男方比她大 4 岁，身高长相中等，性格很温和。不过对方离过婚且育有一子。他在国企工作多年但还不是领导层，一直过着按部就班的生活，没有什么事业心。这与她在工作上雷厉风行形成了鲜明的对比。

刚开始恋爱的时候，她其实有点犹豫。她觉得男方的工作一般，而且自己没结过婚就要当后妈，怕被别人嘲笑，但谈了几个月恋爱之后，她意识到男方真的很好。和他在一起后，她就没吃过外卖，而且他做家务时还不忘给坐在沙发上玩手机的她泡上一杯花茶；即便她半夜两点出差回来，他也会雷打不动地去机场接她；他甚至比她还记得她的经期，早早就给她准备好红糖水……她的内心开始慢慢转变：谁说男方一定要事业有成呢？我不就想有个人知冷知热、心疼我吗？

恋爱半年多后，他们就领了证，听说现在正在备孕，计划生一个孩子。

当然，在现在这个多元化的社会环境下，大龄单身人士所面临的人生选择并非如传统观念那般少，并不仅仅局限于“结婚生子”这一条既定道路。我之所以积极鼓励大家（大龄单身人士尤甚）勇敢地去恋爱，是因为希望大家能借助在亲密关系中的种种经历与感悟，更为清晰、透彻地认清自己内心深处的需求所在。

归根结底，人生的关键之处在于，每个人都能通过不同的经历，找到独属于自己的那份快乐，无论这种快乐是源于单身时的自由，还是恋爱婚姻里的甜蜜。

第3章

推进恋爱：占据主动的恋爱心法

3.1 “鉴渣”“避渣”实战指南

给大家分享一段很有意思的歌词：

“讲什么，我就像天顶的仙女；讲什么，你爱我千千万万年；讲什么，你永远不会改变心意。原来你是花言巧语，原来你是空嘴薄舌，达到目的就离去……你的良心到底在哪里！”

虽然这首歌是老歌，但讲述的男女之间的情感牵扯却一点儿没有过时。

这么多年来，女性择偶的痛点问题似乎一直没有发生变化。总是真心错付，轻易被打动，最终被别有用心的渣男玩弄。甚至很多姑娘在被骗之后，还不能正视自己的这段经历，要么执迷不悟地想要挽回负心人，要么发誓要实施报复、讨回公道。

与其事后难过，不如在谈恋爱之前就好好擦亮眼睛，找到对的人。

01

我的一位用户，在社交软件上认识了一位“条件很好”的男士，好到这个女生以为，自己终于等到了驾着七彩祥云来接自己的盖世英雄。

对方和这个姑娘在同一个城市，自称是海归，有两套豪宅并且就职于私人银行，出行时会开保时捷。两人在线上交谈甚欢，聊了一周多就约了线下见面。顺水推舟，两人开始交往。

一切看起来很美好，但交往过程中，姑娘隐约觉得不对劲。他们经常约会，却总是在女方家，这个男生从来不带她回自己的家。女方主动问起，他就找借口说和父母住在一起不方便。更明显的是，他以帮女方配置资产为由，拿到股票账号和密码，说自己可以帮忙打理，但是刚打理没几天就亏了2万元！

女生起了疑心，便借着帮对方买演唱会门票的时机，偷偷记下了男友的身份证号，开始查证。这一查，令她吓了一大跳。她这才发现自己的“优质男友”名字是假的，职业是假的，豪车是贴牌改装的，甚至连国外留学经历也是假的，他发给女生的6张“留学照”中，有5张都来自网络。

显而易见，这场恋爱就是一场骗局。

女生以为自己遇到了“白马王子”，没承想，对方是披着白马外衣的狼，一门心思借着真爱的名义来骗她的钱、身体和感情。令人生气的是，骗局已经揭穿，姑娘还抱有侥幸心理：“他会不会只是在试探我呢？”

我苦口婆心地劝：“这就是典型的骗局啊。赶紧收回股票账号，赶紧报警，把骗的钱追回来。”

谁承想，陷在爱情里的姑娘就是迷糊，她非但没报警，反而跑去和“男友”理论：“你到底爱不爱我？你是不是在骗我？这些到底是真是假？”

结果，骗子恼羞成怒，直接恐吓她："我知道你家地址，我手机上还有你的私密照，你敢报警试试，我让你吃不了兜着走……"

女生还在幻想"对方是不是有什么难言之隐"，那边骗子已经拉黑了她，带着被骗的 2 万元消失得无影无踪。

这段经历真是令人又气又委屈。

02

听到这样的案例，有的姑娘可能会觉得可怕，有的姑娘则会认为这样的案例只会出现在新闻里，跟自己风马牛不相及。我只想说，防人之心不可无，千万不可掉以轻心。

虽然骗钱的这种极端案例并不常见，但是欺骗感情的情况却不少见。

事实上，不论是在我的粉丝群，还是在直播间里，我都遇到过很多被骗的姑娘。有的是发生了关系之后就被冷暴力，有的是被对方脚踩两只船，有的被有家室却装为爱痴狂的单纯少男所欺骗……总之，骗子的招数不胜枚举。

不过，大家也没必要过度担心，因为但凡是伪装，就一定会露出马脚。姑娘们只需要多多用心，擦亮眼睛辨别真伪，就可以在细节中鉴别渣男。

一个男人靠不靠谱，千万不能看他对你说了什么，而要看他言行是否一致，要看他做的事情反映出什么样的动机。语言可以骗人，但行为难以伪装。

比如在刚认识一个男生的时候，女生可以通过“朋友圈”鉴别。一个人的朋友圈/社交圈往往能反映出他的价值观与为人。倘若其朋友圈频繁出现以下情形，姑娘们务必要提高警觉，尽早远离，以防陷入情感泥沼：

（1）每一两个星期就更新一组自拍照，面对镜头时表情极为灵动，擅长摆弄各种姿势，还常晒健身照刻意展示身材。这些表现恰似“孔雀开屏”，其目的就是筛选那些容易轻信别人的女生，利用外表迷惑女生，为其情感欺骗行径奠定基础。

（2）打造深情人设。在社交平台的个性签名里，故意设置类似“心虽千疮百孔，爱却矢志不渝”等签名，频繁在社交圈子里分享一些似是而非的情感感悟，配以略显忧郁的图片，一副在情感世界里历经磨难却痴心不改的深情模样。

单纯的女生很容易被这样的表象所迷惑，以为自己邂逅了感情真挚的伴侣，殊不知正一步步踏入他人设置的圈套。像我们粉丝群里一位被骗的姑娘，就是因为心疼渣男“多情可怜”，不自觉地掉入了感情陷阱，后来才发现对方用情不专。

（3）经常“晒”自己的经济实力，展示在高档场所消费的照片，但本人从不出现在照片里。事实上，很多真正的有钱人都明白“树大招风”的道理，炫耀会招来麻烦与嫉恨，因此他们是不会刻意“晒”经济实力的。

03

日常沟通时，姑娘们务必用心“听其言、观其行”。

1. 避开“言语间夹杂性暗示”的人

女生都很讨厌认识不久就给讲黄段子、动不动就聊到性方面话题的男生，但是如果这个男生外貌出众，或者社会地位高，有的女生就敢怒不敢言了。如果在与对方沟通过程中有让你感到不舒服的情况，你要马上跟他说：“请你尊重我，我不喜欢这样。”

2. 直接拉黑“刚认识就急切邀约私密见面”的人

有些人刚认识你就急切地邀约见面，或者第一次约会就约你去私人影院、异地旅行，甚至直接提出去你家坐坐，这类人大多是骗感情的老手。

很多姑娘会将这些行为误解为是对方深爱自己，从而情难自禁，着急见面，实际上是大错特错。姑娘们一定要谨记，类似隐私地点的选择，其实是在试探你，企图突破正常交往的安全线。

3. 特别小心“说话颠三倒四、前后矛盾”的人

女生一定要特别注意，仔细听对方说的话，是否经常前后矛盾，漏洞百出。比如，对方说自己是海归学霸，但谈及细节时却支支吾吾一问三不知，或者对方说自己很有钱，但你请教他资金来源时，他却顾左右而言他，转移话题。

4. 马上拉黑“深夜发起临时邀约”的人

如果对方经常深夜发起临时邀约，那很有可能是渣男试图

利用夜晚的氛围与你独处，从而为其实施情感欺骗或其他不当行为创造条件。遇到这种人，千万别犹豫，直接拉黑。

5. 慎重对待频繁地临时爽约的人

有些人平时热情似火，但一到节假日或晚上，想约他比登天还难。尤其是你想和他视频聊天或通电话时，他总是找各种理由推脱。这些迹象说明，他十有八九是已婚人士，或者在生活中脚踩两只船。

总之，对于刚认识的朋友，女生一定要理智鉴别，一旦发现以上可疑表现，千万不要抱有“他可能爱我”的侥幸心理。不要犹豫，果断转身离开。你一定要相信，真爱你的人越爱你，越会在开始时给足你尊重。

04

线下见面时多个心眼也是很好的“避渣”方式。

女生一定不要被对方的经济状况、外在形象或甜言蜜语所蛊惑，务必要从细微之处精准洞察。

1. 约会地点的选择

尊重你的男性在第一次邀约你时，会选择优雅、安全的公共场所，比如咖啡厅等。这既让你有安全感，又体现出他对这段关系的尊重和重视。

有其他意图的人会刻意选择偏僻、私密的地点，例如，酒吧、私人影院、女生家等，其目的要么是方便他实施某些不当行为，要么是营造一种暧昧、易于掌控的氛围，让你在相对孤立无援的环境中难以反抗或逃脱。

2. 初次见面送的礼物

有的人第一次见面就花了很多钱，送很贵重的礼物，这看似慷慨的举动背后可能暗藏玄机。对方或许在进行一场别有用心的“投资”，试图用物质迅速拉近与你的距离，建立一种微妙的情感“契约”。一旦你欣然接受了这些昂贵的馈赠，在对方的认知里，你可能就已经默许他后续一系列越界的行为。对方会认为你是一个容易被物质打动、可以被随意操控的对象，这为他进一步欺骗你的情感埋下了伏笔。

3. 有意无意地动手动脚

有些人会通过假装无意的肢体触碰来测试你的反应，如果你没有躲开，他们会认为你并不排斥这样的举动，那么接下来，他们就会想与你更进一步。

爱情不是一场冒险，姑娘们一定要多个心眼，从细节处“鉴渣”“避渣”。

3.2 揭秘事业型伴侣的心动密码

在许多姑娘心中，都有着一个“霸道总裁爱上我”的梦想，“我的意中人是个盖世英雄，有一天他会踩着七彩祥云来娶我”，然而，这样的桥段真的会在现实生活中发生吗？

偶像剧里的霸道总裁可以毫不心疼地推掉几亿元的生意，陪女主人公去吃想吃的路边摊；有人欺负女主人公，他会第一时间出现，让欺负女主人公的人付出应有的代价。而在现实生活中，这种类型的男士可能会应酬到凌晨三四点才踉踉跄跄地“爬”回家。

对于现实中事业型人来说，事业才是生命，他们放在恋爱上的精力可能连 10% 都不到。

我有一个用户就在和此类男士谈恋爱。她是公司经理，34 岁，她的男友就是她的老板。他们在公司相识相恋，相处 4 年，同居 3 年。

虽然两个人已经到了谈婚论嫁的阶段，但关系却陷入了僵局。女方提出分手，男方试图挽回。看似美好的“霸道总裁要娶我”似的爱情，姑娘为何拒绝？

她提到了自己的困惑和纠结。

第一，她觉得男友几乎将 99% 的精力都倾注在事业上，经常分不清工作和生活，常把老板态度带入生活。他的口头禅就是“不要拿你的事情来麻烦我”“这是你要想办法解决的问题”“怎么这点儿事情都处理不好”“我不是跟你说过了吗”。

第二，在结婚这件事上，尽管双方父母已经见过面且彼此满意，但男友迟迟不肯行动。其实对方也不是不想和她结婚，只是觉得这件事太麻烦，腾不出精力去操办这么多事。然而姑娘觉得，结婚这件事应该男生主动，把所有事情安排好。

这才是现实生活中事业型人的真实写照。霸道是真霸道，总裁也是真总裁，一个字都没有骗人，但如果你想和事业型人修成正果，就要在相处上多下功夫了。

01

心动密码之一：成为他事业上的得力助手。

事业型人创业难，守业也难，一路披荆斩棘，必须投入大量时间与精力，而陪伴家人的时间自然就少了。他们没有充足的时间谈恋爱，也因此渴望另一半能够理解、助力这种忙碌的状态，而不是一味地索求陪伴。

他们习惯有事说事，直接解决问题，没有精力为伴侣提供情绪价值，并且他们还会反过来要求伴侣为他们提供助力和支持。这种理解与包容是打开他们心门的第一把钥匙。

此外，他们很看重伴侣的智商和情商。例如，在商务宴请上，他们希望自己的伴侣能举止得体，与合作伙伴谈笑风生，为其事业添砖加瓦。在处理家庭与事业的矛盾时能巧妙化解。

02

心动密码之二：成为他的精神支柱。

创业之路布满荆棘，压力如影随形。**我们总觉得女性柔弱，需要被男性照顾，但其实，男性的安全感匮乏程度远超女性，尤其是事业型男性。**

我曾与一位上市企业的创始人交流，他的一番话令我感慨。

他说，男人的累真的是一言难尽，而且不容易找到人说心里话。尤其是像他这样白手起家的创业人士，只能孤身奋战，背后没有一个人可以依靠，身边还全是依靠他的人。他坦言："我们其实很简单——事业越辉煌，内心越不安。"

如果女性能够洞察到这一点，满足他们对安全感的需求，自然就能让其心动。

像我和我先生，日常都是他照顾我，事业上指导我，但关键时刻，不管是心态还是行动，我都不是"菟丝花"，我会坚定地站在他的身后支持他，做他的"定心丸"。

有一天晚上，他和合伙人进行电话会议，应该是遇到了什么难处。会议开了很久，结束后，他从书房出来，表情非常凝重，我明显觉察到他遇到了棘手的事情。

我马上安慰他："老公，你怎么了？怎么感觉你有点不开心？不过如果你不想告诉我，你可以不用告诉我，我只想让你知道，我希望你每天都开心，无论你做什么决定，我都会支持你。"

看见他的表情缓和一些，我亲昵地靠近他，用开玩笑的口吻和他说："老公，你想做什么我都会支持你，你只管放手去做，不用担心我。你老婆我也是很厉害的，我也能养咱们家。"

这句话把他逗笑了。

他当然不需要我来养家，但我的语言和行为给了他极大的安全感和鼓舞。其实，人生不如意十之八九，难的不是我们遇到的问题，而是我们在遇到问题的时候身后无人，只能孤独应战。当他的安全感被满足，他自然毫无保留地将自己的一切都托付于我这个懂他的人。

03

心动密码之三：情感独立，不作不闹。

很多女生以为，事业型人那么忙，肯定喜欢妻子在家当全职太太，把所有的时间和精力都放在他和家庭上，其实并不是这样的。越是事业型人，越要求另一半有智慧、独立。

这个有智慧和独立指的是——精神独立，对生活有自己的追求。

当事业型人专注于工作时，他们希望伴侣能在自己的个人世界里活得精彩，并且有自己的交际圈、学习圈。

当事业型人需要助力时，他们希望伴侣能及时回应，有心力和能力进行助力。

前文中我们提到的“经典口头禅”，比如“不要拿你的事情来麻烦我”“这是你要想办法解决的问题”，这些话实在是不解风情，却也是事业型人的心声。当他们面对诸多项目，以及困难和挑战的时候，无法接受别人因为一些鸡毛蒜皮的小事来找他们，如果此时伴侣无缘无故地闹情绪，要他们去哄，这种“屋漏偏逢连夜雨”的处境绝对会让其心生厌烦。

当然，不是说向伴侣寻求情绪价值有问题，而是说我们倾诉对象或者时机找错了。

回过头来再看前文中的案例，我们就会发现，纠结对方不像别人一样主动承担婚礼筹备这件事并没有意义。对于他来说，爱是真爱，想结婚也是真想结婚，但他需要有个人生合伙人帮他操持好婚礼，打理好生活并为他腾出更多时间做事业。

3.3 伴侣总是不回信息？这样沟通吸引对方

你有没有过这样的困扰：满心期待地给爱的人发了一条又一条信息，对方却大半天都没动静，以至于让你怀疑是不是自己的手机坏了？怎么就是接收不到他的信息呢？

于是，失落、猜疑、焦虑交织在一起，你不断内耗：

“他为什么不回我短信？”

“他是在和别人约会吗？还是在工作？怎么不理我？”

“他是不是不爱我了？”

“他为什么这么对我？”

“他是不是有新对象了？”

…… 在被这种痛苦情绪淹没之前，有必要先了解男性回复信息的心态。

两性在信息交流方面存在着天然差异。

女性往往将信息视为情感连接的桥梁，喜欢通过频繁分享与交流来确认彼此的爱意，无论是生活中的琐事、内心的感受还

是瞬间的思绪，都渴望能及时传达给对方，并得到回应。

然而，男性基本相反。

他们的思维模式更倾向于分析和解决问题，对于他们来说，获取信息就是为了得出问题的解法，比如，去餐厅吃饭。几点？地址是哪里？话题到此结束。他们完全不会如女性一般，继续沟通这家是不是网红餐厅，什么菜最好吃。聊这些只会让他们觉得浪费时间。

很多男性仅仅把聊天软件当作“说事情”的工具。他们只想快速得出结论，然后快速结束对话。自然，他们回复信息未必会很及时，也未必会带有丰富的感情。

不了解这一点的女性就很容易误解自己的伴侣，误以为伴侣“冷漠”“不爱她”，也就没办法在线上沟通中和伴侣进行感情交流。

01

不懂这个道理的姑娘，会把伴侣“是否及时回复”看得太重，并有过高的期待。

当期待太高，超出了对方的承受范围，对方自然就没法回应，于是隔阂就产生了，但其实，所谓“沟通交流”，是指自己和对方在情感需求上调到“同频”，做到有来有回。毕竟，沟通不在于频率、效率，而在于情感的有效交换。

不得不说，有不少的误会是因为男女之间对聊天软件的理解差异而产生的。

像我的一位用户，她遇到了一个心仪的男生。一开始，彼此都很有好感。可没想到，她积极在线上聊了半个多月，不但没聊出感情，反而愈发尴尬，对方回应的态度越来越冷淡，回应的速度也越来越慢。

她感到费解："Mu 姐，这到底是怎么回事啊，我就差把心摘出来给他看了。"

她把聊天截图发给我的一瞬间，我就知道他们的沟通肯定有问题了，因为在他们的聊天界面里，绿色部分的面积远远大于白色部分。她单方面输出大段大段的信息，这意味着她根本没顾及对方感受，自顾自地把对方当成"倾诉树洞"，把自己的弱点、烦心事一股脑地宣泄出去，丝毫没在意对方在接收这些信息时的情绪状态。

他们的聊天只是她的独角戏。

一来二去，这种"单方面自说自话"自然让对方心烦——"回复你吧，消耗自己的情绪，还要费脑子去措辞怎么才能不冒犯到你；不回复你吧，又显得我没礼貌。"最后实在没办法，只能把自己变成机器人，时不时地回应一两句话，并逐渐拖慢回复速度。

如果女生无法理解这背后的意思，就会变得更急躁：

"我跟你说了这么多，你就用意念回复我吗？"

"你是掐准了时间回复我的吗，我不喜欢这种钓鱼游戏。"

聊到这分儿上，这段关系基本就到此为止了。

在他们的聊天对话里，姑娘打了很多字，表达了很多情绪，但交换的情感是零。

没有回应，再有意思的表达，也只是自嗨。

02

男性并非不会在聊天软件上与伴侣交流情感，而是更愿意情感同频地交流。怎么沟通才能激发对方回应的兴趣呢？

有个万能技巧：用让对方感到舒服的方式达到自己的目的。在伴侣相处时，这一点尤为重要。

谈恋爱时，我们经常会因为对方晚回信息而心生不满，但如果我们直接选择表达愤怒并指责，说："你怎么总是不回我信息，你是不是不在乎我了？""你怎么回事，为什么每次都看不见信息？你到底在干什么？"

一次两次对方可能还愿意解释，次数多了，就很容易把对方越推越远。**因为指责只会带来厌烦和压力，导致对方逃避并拒绝回复。**

如果我们换一种表达方式——不评价对方的行为，只表达自己的感受和需求。让对方在舒服的状态下沟通，让对方意识到他的行为对你造成了影响，他反而更容易感到愧疚，并愿意回应、弥补你。

比如，男朋友打了一天游戏，没回复你的短信。

你发消息抱怨：

“你打了一天游戏，一直都没理我，游戏就这么好玩吗？你不爱我了。”

“喂喂喂？你是‘死’了吗？马上给我回复！”

本来是男朋友不占理，但当你指责他，他反而不再自责，甚至对你心生厌烦，觉得谈个恋爱连打游戏的自由都没有了。

我们可以尝试换一种方式给男朋友发信息：

“今天你一直不回消息，我感觉心里空空的。”

“一天没收到你的消息了，好想你呀。”

这种“描述事实＋表达感受”的沟通方式，是不是看起来就好了很多？这种沟通方式，更容易激发对方的愧疚感，让他在看到消息后愿意回复，并在意他的行为对你情绪所产生的影响。

如果两人处于热恋期，也可以用撒娇的方式表达你的感受：

“今天你一直不回消息，你的小宝贝生气了。你说要怎么办？”

这样说话既表达了自己对男朋友不回信息的在意，又给了男朋友台阶下，更给了男朋友主动弥补的机会，为下一次沟通/约会做铺垫。这时候，就可以“惩罚”男朋友陪自己看一场电影等，做一些简单但促进彼此感情的事情。

说到底，只要沟通到对方心里，对方自然愿意及时回复，亲密互动。

03

事实上，聊天的意义并不在于“你陪我”“你理我”，聊天是为了增进彼此之间的关系，如果过度执着于当下“陪不陪”“回不回”而使得关系恶化，那就本末倒置了。

我有个用户，就因为类似情况和男朋友闹矛盾了。她的男朋友最近有个项目非常忙，本来说好情人节陪她去吃大餐，带她去逛街购物，没承想客户临时组局，作为项目负责人的男朋友必须出席。

无奈之下，他给女友发信息取消约会：“宝贝，对不起，客户临时加班，今晚不能约会了。”

临时被放鸽子，女生气得不轻，直接就发了脾气：“你说好今天陪我的。我不管，你必须来，你的工作和客户难道比我还重要吗？干脆分手算了。”

她本来想让男朋友哄她的。

可等来等去，男朋友一直没回复。她气得“夺命连环 Call”，结果男朋友直接挂断。后来她又连续发质问短信，这下更糟糕，男朋友直接关了手机，好几天没联系她。现在两人陷入冷战，关系很被动。

她在直播间向我诉苦：“Mu 姐，你说这事是不是他错了？他怎么反而生气了呢？”

临时毁约，这当然不对，女生生气也是人之常情，但换位思考一下：男朋友是不是也很无奈？项目本就焦头烂额，客户临时组局又有新任务，这时候女朋友狂轰滥炸说分手，他除了关机逃避还能如何。

其实，类似因沟通导致矛盾的问题，我的用户经常遇到。

可以尝试用前面提到的方法回复对方。比如刚才那个案例，女生可以这样回复男朋友："那好吧，今晚就放过你。不过你周末要加倍补偿我哦，陪我去喝下午茶。"然后，加上一个撒娇的表情包。

这个沟通方式好在哪里呢？

它把"事件"变成促进感情的新机会——第一句理解男方处境，并表达了自己的感受。第二句清晰地提出了自己的小要求，表达了自己对感情和对对方的期待。

把当下的问题解决好，不影响彼此感情，甚至能进一步推动感情，才是更好的选择。

当你掌握这个核心方法，就会发现这个世界上 99% 的事情其实都不过如此。放下"他为什么不回复我"的纠结和内耗，高高兴兴做好自己，一切反而能迎刃而解。

3.4 前任问题处理秘籍：三步走，轻松化解不踩雷！

前任有的时候是个麻烦事。现在我们就来盘点一下，前任问题的一些处理要点。

01

要点一：千万别把前任说得一无是处。

亲密关系里常有这样一种现象，即有些女生习惯把自己在上一段感情中所受的伤害倾诉给现任男友，期待现任男友能够理解她的伤痛，从而更加珍惜、善待她。

作为情感博主，我必须慎重地提醒：千万别这样做，这对你们的感情没有任何益处。

我有一个用户，现任男友经常问她一些和前任相处的细节，比如：你们为什么分手？怎么认识的？亲密关系如何？是他对你好还是我对你好？

姑娘每次都感到很尴尬，说真话又怕现任生气。思来想去，为了讨男友欢心，她就哭诉前任对她恶语相加的事。她的本意是让现任男友能因此心疼她。

一开始，现任男友确实展现出了同情并安慰她，但久而久之，他们的感情就发生了微妙的变化。有一次吵架，现任男友脱口而出："和你前任男友相比，我对你已经够好了，你还有什么不满足的？"这一句话犹如一颗重磅炸弹，炸碎了他们原本看似平静的感情。

现任为何会如此反应？

社会心理学中有一个概念叫"基本归因错误"，其意思是，人们在考察某些行为或后果的原因时高估倾向性因素，低估情景性因素。用大白话说，人们常常认为别人的行为来自其内部因素的作用（他们的性格特点），而不是来自外部因素的作用（环境的力量）。比如说，当某人发生偷盗行为，我们会有意识地认为，是这个人人品不好，而忽略外部因素。

现任就是如此。当爱情逐渐淡漠，现任听了女友的几次哭诉后，形成了本能的思维偏差——肯定是你自己有问题，才会被前任如此对待。

因此，当现任男友主动询问关于前任男友的事情时，只需回答：

“他很不错，对我也很好，只是我们的缘分尽了。”

这个回答很巧妙，既表明了自己和前任男友已再无可能，又让现任觉得你是个值得被优待的女生。此外，表明尊重前任的回答会让现任男友觉得你的三观很正。

02

要点二：前任男友不再是恋人，但可以是朋友，无须老死不相往来。

我们对待前任男友的方式，能映射出我们自己的品性与内在状态。

把前任男友拉黑，往往代表我们没有从这段关系里走出来。可能是对往日感情的不舍，又或许是被不甘与怨恨的情绪所影响。

事实上，正确的恋爱观是：在一起是为了幸福，分开也是为了幸福。

因为爱，两人相恋；因为不爱，两人分开。

无论前任男友是否还在社交列表之中，都不会也不该对你的情绪与生活产生丝毫影响。如此一来，又何必多此一举去拉黑呢?

我一直在直播中强调：就算分手，也别删除前任男友的联系方式。所有人都有可能成为你未来的人脉。

就拿我的一位朋友来说吧。她与前任男友分手一年多了，一直都没有联系。某一天，她在朋友圈发了张表达自己难过情绪的图，然后她的前任男友便主动发来消息询问她是否遇到困难，是否需要帮助。

我们从中可以看出，生命中来往过的人，即便没有了当时的爱情，也依旧有恩情。

可能有人会质疑：将前任当作人脉是否过于牵强或者存在诸多风险?

我认为，没必要局限于传统观念，将人脉仅仅定义为工作伙伴、业务往来对象或者新结识的朋友。事实上，每一个曾经走进我们生命中的人，都是我们的有缘人。

就像电视剧《玫瑰的故事》里的女主黄亦玫，她的每一段恋爱都刻骨铭心，也曾痛得撕心裂肺，但分手后，她从不自怨自艾，始终保持从容，和前任男友相处自然——“我们不再是恋人，但我们依旧是朋友”，这种积极向上又得体的生活状态，也使她的前任男友、前夫都尊敬她，把她当成生命中的“亲人”来相处。

当然，非常重要的一点是，我们应该清楚地知道，我们和前任男友再无相爱的可能。毕竟，之所以会分手，是因为前任男友身上有着我们无法忍受的缺点。

现任，是可能携手一生的合伙人。

前任，是最熟悉的陌生人，是曾经托付过的朋友。

03

要点三：不要和伴侣的前任女友争风吃醋。

与其和别人争风吃醋，不如把时间和精力聚焦于与现任男友的关系上。努力经营与现任男友的关系，每一个温柔的眼神、每一次深情的拥抱、每一句贴心的话，都是存入爱情账户的珍贵财富，能为你和伴侣提供足够多的爱和安全感。

我有一位 33 岁的用户，在国外一家大公司任职。她男朋友是比她大 3 岁的同校师兄。两人都是奔着结婚去的，男方也很有诚意，提出等双方父母来探望时，安排双方家人见面。

然而，女方心中始终有个“前任坎”。

在她之前，男友有一段长达 10 年的感情。据她所知，男友还给前任女友买过房子和车子。这让姑娘很不是滋味，总觉得自己很亏。她就要求男友给她买更贵的车子和房子，不然就不结婚并分手。

考虑到她的年龄及处境，我给出的建议是：**前任女友只是一个假想敌，不要较劲了。**

非要和前任比高下，受伤的只能是自己。

如果抓住前任问题不放，伴侣就很可能出现反抗心理。

千万别以为我是在说笑，我之前遇到过非常多类似的情况。现任的每一次逼迫、不讲理，本意都是为了让对方“更爱自己”，但实际情况就变成了把对方“推得更远”。

前任再好，也是前任，没有什么好羡慕的。

3.5 高情商修炼，做亲密关系里的主导者

如果你是个爱追剧的人，你就会发现，这些年电视剧里“女主人公”的个性发生了翻天覆地的变化。

过去的“女主人公”，隐忍、肯付出是必备条件，委屈自己迎合他人会被称赞；现在的女主人公往往棱角分明，委屈自己讨好他人是不可能的事。此外，她总能在各种关系中迅速掌握话语权，因为她信奉的理念是：我是自己人生里唯一的主角，人生路上遇到的其他人都是配角。

现在，越来越多的女生意识到，所谓的关系主导，其实就是在关系中畅快做自己。那么如何才能做自己呢？

01

做自己的方法就是：打破常规，偶尔有点儿“小情绪”。

很多文章经常给读者灌输“有一种女人嫁给谁都幸福”的观念，不断宣扬女性一定要做一个情绪稳定、温柔似水，能无

条件包容丈夫的伴侣，仿佛一个家庭中只要女人做对了，家庭就一定能兴旺发达。

这话有一定的道理，但也不全对。

事实上，但凡是吃五谷杂粮的人，都不可能一直保持情绪稳定，**更何况，“四平八稳”的情绪只会让亲密关系“相敬如冰”。**

为什么？经常听我直播的女生肯定明白，情感的世界里，如果总是情绪稳定，力求让对方时刻放心，慢慢地，对方就真的对你彻底放心了，不管他做什么不合常理的事情，你都不会情绪波动，反而会包容他、体恤他，甚至帮他摆平所有事。

反正你顾全大局；

他自然毫无顾忌。

因此，越想在亲密关系里占据主导，越不要压抑自己，得时不时表露出“小情绪”。比如，如果对方有意无意地越过了你的边界，那一定要表达出来，引导他付出更多时间和心力在你身上。简单来说，他对你投入了越多“维护成本”，他就越珍视、看重你。

俗话说，会哭的孩子有奶喝。

会喊疼的人，在亲密关系里也会得到更多的重视。

《情绪疗愈：林文采情绪疏放 18 讲》就提道：“情绪没有好坏对错，它只是一股能量，学会释放情绪，用好情绪能量，才能拥有丰沛、轻盈的人生。”

大事上镇定自若、情绪稳定，让对方放心很重要；小事上偶尔有点儿小情绪，让对方重视更重要。

这样维护亲密关系，才能让对方既尊重你又把你放在心上。

02

做亲密关系的主导者，还得谨记一点：任何时候，都不要让另一半掌控你的生活。

很多人认为，男性赚钱养家，因此在亲密关系里应以男性为主。

事实上，男女各有分工，只有把彼此定位为人生合伙人，各自都在亲密关系中拥有独立的人格和话语权，才能实现婚姻幸福。

像我认识的一位朋友，丈夫事业越做越大后，便让她回归家庭照顾孩子。她的父母一度担心她日后会被“越走越远”的丈夫嫌弃，但她厉害之处在于，当全职太太 8 年，她不但把孩子教育得好，自己还连续出版了多本图书，在当地非常有影响力，成为丈夫和其公司的“活招牌”。

虽然她的丈夫在事业上非常突出，但在他们的婚姻里，她却始终占据主位。丈夫一直给她尊重和自由，大事小事回家都要和她聊聊。关键的商务场合，她也会陪伴在旁，旁人都尊她一声“老师”。她为何能始终和丈夫势均力敌，依旧是关系里的主导者？

因为，在看似“回归家庭”的放弃里，她始终掌控着自己的人生。

她刚学习写作时非常辛苦，坐在电脑前一写就写到半夜，丈夫还劝她："那么辛苦干什么，我赚的钱够养家了，你就看看杂志、买买衣服、逛逛街就好了。"

然而，她非常清醒。她相信丈夫的爱，但更知道"我养你"背后的陷阱。

当别人信誓旦旦称要养你时，其实在某种程度上，他是在宣告要垄断你的话语权。这种时刻，我们可以相信对方的真诚，但我们不需要把自己的人生和话语权全交付出去。

因此，在亲密关系里，无关紧要的事情可以顺其自然，但关键时刻一定要坚守住自己的底线——不要让对方掌控你的生活，当然也不要掌控对方的生活。

03

我们还需谨记一点：要展现女性魅力。

部分人在两性相处时会显得刻板、生硬。

恋爱初期，适当矜持以保持神秘感，这在一定程度上有利于关系的发展，但当双方关系确定后，一定要时不时展现女性魅力，这有利于关系保持亲密。

比如，我们可以营造氛围，借助家中温馨角落、海边月光下的沙滩等环境，促进感情升温。很重要的是，身体语言往往无声胜有声，深情的凝视、有些夹夹的声音、妩媚的小动作等，都能浪漫地传递性张力。

当然，每个人的个性不同，找到让伴侣感受到魅力的方式很重要。像我的一位用户，她在国企任财务经理，总是很严肃，即便在家里，也很难展现温柔的一面，无法说出“亲爱的”“老公”等亲昵词语。她的丈夫在家和她聊天，说了三言两语就会被她训斥，以至于丈夫越来越不爱和她沟通。闺蜜们都调侃她，看起来这个家由她做主，凡事都听她安排，但实际上，丈夫和家人对她更多的是畏惧、抗拒。

后来，她通过学习，渐渐懂得在亲密关系里展现女性魅力的重要性。她开始变得柔和，会在丈夫上班前给他一个拥抱。现在，他们的亲密关系更加稳固了。

在亲密关系里成为主导者并不是一件容易的事，不论是“适当地展现小情绪”，还是“掌控话语权”，又或是“展现自己的女性魅力”，这些都是感情路上的修行，但只要我们迈过去，就能成为自己人生和关系里的主导者。

3.6 神仙老虎狗，懂得“随机应变”才更显智慧

婚恋中有一个永恒的话题——我应该“做自己”，还是“迎合对方”？

可以说，婚恋中几乎所有的矛盾都源于这一命题。之所以这么多的情侣最终“磨合”失败，原因正是我们都想“磨平对

方，保全自己”。网上有一句话，叫作“有磨损的，才叫磨合”，然而，每个人都有自己的小算盘，说到底都离不开一个执念——“让对方来适应我吧，我不想改变”。一味地坚持“做自己”，感情真的能修成正果吗？

01

我的一位女性用户，27 岁，是被父母宠爱的独生女。她和男朋友谈恋爱 4 年，一直相处得很好，直到见双方父母的那天，矛盾产生了。女生初次见长辈，既不主动打招呼，也不找话题，全程都摆着一副高冷的面孔。长辈们笑脸相迎、对她嘘寒问暖的，一来二去把她问不耐烦了。看到姑娘的“黑脸”，男方父母也不好再硬聊下去，那顿饭，大家都吃得很安静……后来，男方父母强烈反对这门婚事。姑娘没辙了，来找我咨询。原来，这姑娘和男朋友的相处模式就是这样的：女生一直扮演“小孩”的角色，男生扮演“父亲”的角色。女生不开心了要哄，孤单了要陪伴，饿了要帮忙点外卖。他们你情我愿，相处也相安无事。直到那天在男生父母面前，男朋友不再宝贝长宝贝短地叫，而是催促女生热情地跟他父母聊天、喊爸妈，姑娘一时不高兴，就“黑脸”了……这就是在婚恋关系中，坚持“做自己”的后果。

很多人之所以将“不迎合，做自己”这句话奉为圭臬，其实就是在为自己的任性和不改变找借口。在这种语境之下，“做自己”变成了任性、刻板的代名词。

在我看来，真正的“做自己”刚好相反。真正做自己的人可以在不同的场合、不同的人面前展现不同的自己，这不是讨好迎合，因为每一面都是真实的自己，人的可贵之处就在它的丰富多样、灵活多变。

02

我的老家流传着一句俚语，叫作“神仙老虎狗”。这是在我很小的时候，我爸爸亲口教给我的。这句话是他的为人之道，后来也成了我的处世心法。所谓“生末净旦丑，神仙老虎狗”，其实就是指一人千面，在不同的场合表现出不同的自己。对不同的人，处事说话不可能完全一样。

比如在职场，对方是受管于你的下属，你自然要有领导做派；若对方是能决定你业绩的大客户，你自然要做出调整，甚至放低姿态。

比如在亲密关系中，在男朋友面前可以撒娇，让对方宠着你，但当你去见对方的父母和亲戚时，作为晚辈，自然要展现乖巧懂事的一面，给予男朋友家人基本的尊重和敬意。

很多人不愿意放低姿态，认为这是在讨好谄媚他人，其实不是的。做得神仙，做得老虎，也做得狗，不仅不虚伪，反而更接近人的圆满之态。

03

心理学里有一个著名的理论，叫作人际沟通分析理论。该理论指出，人与人在交往的时候，会处于3种自我状态中的一种，分别是“父母式自我状态（parent ego state）”、“成人式自我状态（adult ego state）”和“儿童式自我状态（child ego state）”。

其中父母式自我状态代表了保护、控制、批评和指导；

成人式自我状态代表了平等、理性、规则和现实；

儿童式自我状态代表了本能、依赖和天真。

在前面的案例中，那个女生在恋爱中表现出的就是“儿童式自我状态”，渴求被保护、被宠爱；她的男朋友表现出的是“父母式自我状态”，因为他满足了女生的需求，所以他们的关系才能维持。然而，问题就在于，这个女生在面对长辈的时候，没办法调整自己、以成年人的姿态与别人相处。

人际沟通分析理论的创始人伯恩指出，对于正常人来说，这3种状态是并存的，如果不能在恰当的场合做出恰当的表现，就意味着出现了“心理污染”。

在案例中，姑娘的“儿童式自我状态”占据上风，这导致她不管在什么场合，都保持一个需要人照顾和讨好的“小公主”形象，也就是说，她的自我是缺失的、不完整的。

04

懂得“神仙老虎狗”道理的女生很有魅力。

在直播间，我作为一个有经验的过来人，给二三十岁的姑娘解答情感困惑。在她们眼里，我就是一个一针见血、人间清醒的大姐姐；在职场上，我是一个雷厉风行的创业者，管理着几十位员工。在任人和处事上，我必须杀伐决断，并对客户负责；回到家里，我是我先生的宝贝，我工作累了、烦了就向他寻求安慰，毫无疑问，这三者都是真实的我。

个性丰富的人更有魅力。

在一段好的亲密关系中，轮流当小孩，做彼此的大人，这不是谄媚，而是体贴。又善良又可靠的女生，谁能不爱呢？

第4章

心智成长：
避开 6 个心理陷阱，拥抱自在情感之旅

4.1 强迫性重复：为何我总是爱上渣男？

在爱情的世界里，我们都渴望找到对的人，和他携手过一生，然而，有些人却陷入了痛苦的循环，似乎拥有吸引渣男的体质，不管怎么期待美好的爱情，最后总是遇到渣男，以至于不自觉地怀疑：难道真的是自己命运使然，注定情路坎坷？

01

谈及“吸渣体质”这一话题，让我不由得想起一个用户。她二十多岁，长得好看，工作轻松稳定，性格很乖，是那种很受长辈和男生喜欢的女孩子，然而，她特别容易吸引渣男。

她的初恋是她的大学同学，任学生会主席，能说会道，情商很高，和老师、同学相处得都非常好。然而，他在感情里非常强势，动不动就言语打压女孩，例如“你这大象腿穿裙子真的很难看”“除了我还有谁会喜欢你”，更恶劣的是，恋爱期间，这个男生竟然同时与多名女孩保持暧昧关系。

第二段恋情，对方是朋友介绍的公司老板，他自主创业，开了家小公司。这个人巧言令色，经常向女孩倾诉创业的艰辛，强调自己走到今天是何等不易。被激发起母性的她一直包容、支持男友，对他是有钱出钱有力出力。谁承想，他在外面拈花惹草，还反过来挑她在生活上的小毛病。

第三任男友是她在交友网站上认识的，对方花言巧语地说自己曾被伤害，导致生活和事业都陷入困境。母爱泛滥的女孩一头扎了进去，满心以为自己能将对方从困境中救出来。可在一起后，她才发现男友把她当提款机，创业资金、还钱周转之类的借口层出不穷，隔三岔五就找她要钱。更过分的是，这男友还极其不忠诚，出轨对他而言简直如同家常便饭。

三段恋爱谈下来，女孩被伤得体无完肤。身边人都纳闷：她条件那么好，怎么每次都遇人不淑？闺蜜们不由得分析她可能是“吸渣体质”。她自己也觉得郁闷，发现自己总被个性开朗、能说会道的男性吸引，她眼泪汪汪地问我：“Mu姐，我真的是‘吸渣体质’吗？为什么我总是吸引渣男，这可怎么办？”

02

不知道你的身边有没有这样一类人，他们的行为模式似乎永远在“重复”，总是遇见同一类型的人，进入同一种困境，受同一种类型的伤。很多人开玩笑说这是宿命，但大家都听说过“性格决定命运”这句话，其实，性格也决定“体质”，所谓宿命，所谓“吸渣体质”，从心理学角度分析，就是“潜意识”在作祟，自己让自己进入“强迫性重复”的行为模式。

“强迫性重复”是心理学家弗洛伊德在《超越快乐原则》一

书中所阐述的概念。它指的是，一个人无意识地倾向于重复性创伤事件或其环境。这种重复可以给个体带来一种虚假的安全感，因为熟悉的情境和行为模式让他们觉得可预测，从而暂时缓解内心的焦虑和不安。然而，这种防御机制并不能真正解决问题，反而会使个体陷入更深的困境。

这并不是说人们想要再次受到伤害，而是他们想要通过重复来掌控童年无法掌控的情景——他们试图回到过去，让现在的自己解决过去的问题，从而抚平之前的创伤。

例如，小李母亲对他极其严苛，动不动就批评、指责他。在这样的成长环境下长大的小李在亲密关系的选择上，会不自觉地倾向于强势且爱挑剔的女性。相处过程中，小李的女友常因为各种小事指责他，尽管他内心感到痛苦，却还是一次次地陷入类似的亲密关系模式中。

事实上，这就是一种强迫性重复模式。

小李在潜意识里寻找与母亲相似的人，重复与母亲的相处模式，试图通过改变伴侣来获取认可，以此消除童年时期母亲对他的否定所带来的负面影响。他的潜意识仿佛在说："我找到了一个和妈妈一样的伴侣。因为她会尊重我，所以我妈妈也会尊重我。"

潜意识希望我们被治愈，但实际上它只是让我们重复体验了创伤而已。

03

前文中的那位女生，自然也经历过相似的过程。

回溯到她的童年时期，她的父母总是争吵打斗，家庭氛围极其紧张，而她总是瑟瑟发抖地躲在角落里。她的父亲常在外寻花问柳且屡教不改，无论母亲如何央求，父亲每次都凭借着花言巧语蒙骗过关，而后又故技重施。母亲“痛哭流涕求爸爸回家”的凄惨模样深深地刻在了女生的记忆深处，她从小就发誓：“长大后，我绝对不找爸爸这样的男人做老公。”

于是，长大之后的她专门找个性开朗、能说会道、有上进心的男人交往，无奈越是抱着这样的期望就越容易被花言巧语所蒙骗。实际上，她遇到的那些男人都是金玉其外，败絮其中，和她的父亲如出一辙。这些男性表面上花言巧语，很能讨女生欢心，可都缺乏责任感，对感情极其不认真。尽管每段亲密关系都让她很痛苦，但她依旧难以自拔，屡次爱上相同个性的男生，并且不断地试图去改变、拯救对方。

从心理学来分析，她之所以会如此，不仅是因为渴望从对方那里获得更多的爱，更是因为在其潜意识的深处，隐藏着那份源自童年的伤痛，她期望通过改变伴侣的方式，让自己回到童年，去“拯救”可怜的母亲和自己，“挽回”出轨的父亲。

然而，即便选择了看似熟悉的人，也无法真正回到童年去拯救过去的自己，这种行为只会让自己再次受到伤害。如此一来，人们只会越发觉得缺乏信心，甚至产生一种自己不值得被爱的消极想法，从而失去获得美好关系和全新幸福的机会。

04

如果命运被过往的经历“内定”了，那我们还有改变命运的机会吗？

答案是肯定的。

犹如荣格所说：“当潜意识被呈现，命运就被改写了。”

具体怎么做呢？

第一步，探寻自己的人生剧本，“看见”即疗愈的开始。

不管你对“强迫性重复”的概念熟不熟悉，也不管你是否属于“吸渣体质”，只要你觉察到自己总在相同的模式中受伤，总被不好的人、事、物所吸引，我都建议你先静下心来，做自我觉察：

（1）仔细回顾自己在亲密关系中的行为和感受。

（2）思考自己为什么总是被特定类型的人吸引。

（3）回忆童年时期与父母或主要养育者的关系。

（4）思考自己的哪些情感需求没有得到满足，如爱、安全感等。

（5）思考伴侣身上有哪些特质和你的父母相似。

这些未被满足的需求，可能是现在强迫性重复所带来痛苦的根源，一旦主动“看见”这些痛苦，你便获得了改变“宿命剧本”的机会，至此，命运的齿轮开始转动，你就能从“熟悉却不自知”的痛苦中脱离出来，以理智的方式寻找新的、健康的关系。

第二步，勇敢地培养全新而健康的关系模式。

在认清自己的人生剧本之后，我们需要时刻觉察自己的潜意识和行为，以便于自己在下次遇到熟悉的人、事、物且产生类似冲动时，提醒自己：“这不是我真正的渴望，是潜意识在作祟。”

之后，有意识地尝试一些新的行为模式，打破旧的行为模式，鼓励自己去认识新的朋友，学习新知识，并体验新的环境。

虽然改变无法一蹴而就，但只要我们有勇气去看见、去觉察，就一定能改变，打破强迫性重复的魔咒，并收获健康的亲密关系。

4.2 信任危机：为何我总是怀疑伴侣不忠？

想要亲密关系健康又长久，最关键的是什么呢？

炽热的爱情？门当户对的条件？一致的三观？这些当然很重要，但最重要的其实是——信任。正如美国婚姻关系研究者尼娜·欧尼尔所说：“信任是婚姻关系中两个人所共享的最重要的特质，也是建立愉快的、成长的关系所不可或缺的特质。”

这些年，我见证过太多有情人在爱情的路上风雨飘摇，看似是被外在的人、事物所干扰，其实是因为出现信任危机，怀疑伴侣、怀疑自己，最终也怀疑爱情，导致有情人带着误会分道扬镳。

01

聊到信任危机，我处理过不少相关事宜，其中一个令我印象深刻。她是一名家庭主妇，全职在家照顾两个儿子。她的丈夫是位律师，两人感情基础很好，但自从丈夫成为公司合伙人之后，婚姻就频繁亮红灯。按理说，丈夫升职加薪是好事，怎么反而影响婚姻了呢？

原来，丈夫经常加班应酬，很少有时间陪伴家人，妻子本来就有不少怨气。丈夫成为公司合伙人之后，应酬的频率变得更高，经常喝得醉醺醺的，半夜两三点才回家。次数一多，妻子就焦虑了，虽说丈夫是为了工作，但外面诱惑很多，她真的很担心。

胡思乱想之下，她开始查丈夫的手机。一开始，她还明目张胆地查，丈夫也配合，会解释去见了谁，在哪里吃饭，聊了什么工作。慢慢地，丈夫就不耐烦了，不再回答问题，也拒绝交手机。于是，妻子偷偷地查，她发现丈夫回家前会删掉通话记录和微信记录，这导致她疑心更重，怀疑丈夫出轨了。

我问她："你找到实际证据了吗？"

她说："没有。"

"那你是因为什么事情怀疑丈夫呢？"

“我以前给他打电话，不管他在做什么都会马上接电话，但现在，我一连给他打十几个电话，他都不接，到后来还直接关机。”

“他回来后给你解释原因了吗？”

“回来后我们大吵了一架，他说他在开会、应酬，没空接我电话，还反过来说我无理取闹，埋怨我影响了他的工作。后来，他甚至跑出去住酒店了……我觉得他肯定有问题，以前他出去应酬，我让他开视频看都有谁他都愿意，现在他不仅不同意，还将手机各个账号密码都换了。这不是心里有鬼是什么？Mu 姐，这日子过不下去了，我该怎么办？”

同为女人，我非常理解这位妻子的心情，更理解她情绪失控下的安全感缺失和无助，说到底，她是太爱丈夫、太爱家庭，却又不知道如何经营，导致选择了最不恰当的应对方式。

然而，我也很同情这位丈夫，男人赚钱养家压力大、应酬多，越是这个时候，他越想回家后感受到温暖，并且能休息下。可回到家，他面临的是妻子无休止地盘问，出去工作还要应付妻子不停地电话查岗……

02

为什么会走到这一步？

从心理学的角度看，其实是妻子陷入了“投射性认同”困境。

什么是投射性认同？

这是由奥地利精神分析学家梅兰妮·克莱因（Melanie Klein）提出的理论，指个体通过潜意识诱导他人以特定方式反应的心理防御机制，其本质是将内在关系模式投射到外部人际关系中，并通过互动操纵对方完成“认同”。

正如前文中的案例，妻子做全职太太多年，慢慢与社会脱节，对自己也没有像以往那样有信心。随着丈夫升职加薪，妻子内心深处充满了“我不值得爱”“他会出轨爱上其他人”“我会被抛弃”的恐惧和不安感。这种感受被她无意识地投射到了丈夫身上，使她在与丈夫的相处过程中总是过度敏感，故意制造矛盾和冲突，以验证、试探丈夫的真心。她可能在潜意识里认为，如果她不时刻保持警惕，丈夫就会如她想象的那般背叛她，背叛他们的家。这种投射，不仅影响了她自己的情绪和行为，也让丈夫产生了压力。

很显然，**如果妻子处理不好自己的状态，就会真的把婚姻推进“危机”当中。**真是应了那句话，“怕什么来什么”。

03

我接触过非常多在爱情里处于被动状态的姑娘，她们本身非常优秀，但因为太爱对方，太害怕对方离开，不自觉地疑神疑鬼并试图通过控制对方，让对方时时刻刻在自己身边。

然而，爱情就如沙子，我们抓得越紧，沙子掉得越快。若力度适当，沙子反而握得稳当。因此，如果我们不自觉地陷入“信任危机”，那么首先要做的一定是——两步停止所有“推远”伴侣的行为。

第一步，分清投射所带来的恐惧和现实。

如果你在亲密关系中控制不住地害怕，担心“我不够好，他肯定不会一直喜欢我”“我不够温柔，不是他喜欢的类型”“他好像讨厌我了”等，就一定要确认一些事情：这是在我的亲密关系里真实存在的问题吗？他明确说过讨厌我吗？还是说这只是我自己内心的投射？是我在胡思乱想，和伴侣完全没有关系吗？

大多数时候你会发现，其实你所担心的事情都不是事实，只是假象，这时我们只需调动理性的力量，把投射所带来的恐惧和现实区分开。比如，现实是他“两个小时没有回复我的信息”，而投射所带来的恐惧则是“他不喜欢我了，他在外边有人了”。事实上，这两者并不能直接画等号。或许真相是他这一天都很忙，来不及回复，或者他确实有点儿心烦，但是心烦是因为其他事。

只要不是已经发生的事实，就属于投射所带来的恐惧。当你察觉后，接下来要做什么就很明晰了。停止猜测、停止胡思乱想，更不要在情绪的推动下做出冲动的事情。

第二步，转移注意力，把精力用在自我提升上。

与其把心思放在怀疑伴侣不忠上，不如转移注意力，把时间、精力都放在自己身上。此时应该做的是让自己动起来，做其他有意义的事情。比如，回家路上买一束自己喜欢的鲜花；下班后给自己报个瑜伽班；和同事一起去考证；带着孩子或者和闺蜜去旅游……把你内在的恐惧转化为享受生活的乐趣。那时，你会发现，不但你自己能开心起来，你的伴侣、孩子及其他身边人也都能被你感染，变得很开心。

我们一定要明白，除了爱情，世界上还有太多的美好等待着我们去体验、追求、享受。

其实，任何一段关系的出现，都是为了让我们借力，成长为更好的自己。

就像前文提到的那位妻子，后来她听从了我的建议，开始学习，并认识了一群积极向上的同学。她把心思更多地放在自己的成长和孩子的教育上，还用学到的理论引导丈夫更好地和两个儿子相处。现在，她的丈夫反而一有空就积极参加家庭活动。

与其天天疑神疑鬼，和爱人斗智斗勇，不如把心思放在怎么维系关系和丰富自己的生活上。

4.3 配得感困境：对方对我越好，我越觉得自己不配

相信大家都听过王尔德的那句名言：“爱自己，是终身浪漫的开始。”

确实是这样，我们只有真正学会爱自己，才能坦然接受他

人的爱，爱才能形成闭环，从而构建我们自己的人生底气。

然而，现实生活中，很多人其实并不知道怎么做才叫“爱自己”，甚至陷入不配得的困境：明明渴望被爱，但真爱降临时，却又惶恐不安，不敢坦然接受。

01

有一回，有个女生来直播间与我连麦沟通：“Mu 姐，我谈恋爱了，男朋友对我很好，我觉得很幸福，但我心里很害怕，总担心这背后是不是有什么事情。他为什么会对我这么好呢？我没什么地方值得他对我这么好的呀？”

当时，直播间的粉丝听了都笑了，开玩笑说这姑娘怕是来“撒狗粮”的，然而，我却对此表示理解。直播连麦的每个女生的故事都如同一面镜子，能映射出她内心的困惑。这个女生其实代表了太多觉得自己“不配得”的可怜人。她条件不错，身高 1.68 米，开朗、活泼，在国企工作刚满 1 年。她是个讨人喜欢的姑娘，在单位联谊活动中认识了现在的男朋友，男朋友和她条件相当，对她展开了热烈追求。早上送早点，晚上安全送回家，支持她的工作，甚至还会陪她加班，之后再约会。但凡她说喜欢的东西，第二天男朋友总能送到她手里。最令人感动的是，男朋友真的把她放在第一位，不管他自己有多忙，只要女生有需要，他一定会重新调整时间，先把女生的事情处理好。朋友、同事都觉得他们俩很般配，偏偏女生自己心里总有个疙瘩，不敢相信自己的运气会这么好，能遇见这么好的男朋友。她甚至脑补，男友接近她是不是有什么别的目的，这种患得患失的状态令她无法安心地享受这份爱。

这个女生为什么会出现这么矛盾的心理状态？

本质上，是“不配得”的心理在作祟。

02

这种“我不配”的心理状态并非个别情况，它在很多人的感情世界中都悄然存在着。

心理学家施琪嘉在图书《疗愈你的内在小孩》里提到这样一个观点：“一个人一生所受的种种困扰大都源于幼年的创伤留下的阴影——他总是带着一个有创伤的内在小孩生活。”这个内在小孩会以各种形象出现，例如自卑的、哭泣的、无助的，或是对这个世界充满不信任、怀疑，对别人怀着厌恶和憎恨等。

那“我不配”的内在小孩是怎么样来的呢？是源于父母对孩子的忽视与蔑视。

在被父母习惯性忽视与蔑视的家庭环境中长大的孩子，会认为最差的东西才该属于自己。久而久之，他们内心深处会形成“我不配”的想法。在遇到事情、需要做出选择的时候，他们会自然而然地认为自己不配拥有好的东西，一旦有人对他们稍微好一点，他们反而会惶恐不安，觉得自己是不是哪里做错了，觉得自己怎么可能被别人重视。

我遇到过很多类似的用户，其中有个姑娘，她的经历就深刻地诠释了“我不配”心理的形成。这个女孩长得非常漂亮，她曾经是校花，据说读高中、大学，甚至工作后，她的身边都有非常多条件优秀的人追求她，但出乎意料的是，她左挑右选，最后竟然选择了一个条件最差的人结了婚。

大家都很不解，为什么那么漂亮又优秀的女孩会做出这样的选择。当我们深入了解她的原生家庭，一切就都有了答案。

她出生在一个有三个姐妹的大家庭。爸爸重视大姐，妈妈宠爱小妹，而她这个老二，一出生就被送到了外婆家，直到读小学的时候才被接回到父母身边。被接回家的她，被父母习惯性地忽略，姐姐妹妹除了学习就是玩耍，而她默默做了全家的家务却依旧无法让父母“多看一眼”。吃饭时，父母永远把两只鸡腿给姐姐和妹妹，她只能吃鸡翅膀；逢年过节，父母会给姐姐妹妹置办新衣服，而让她捡姐姐的旧衣服。父母的理由也很充分：“姐姐长个了得买新衣服，而你的衣服都穿旧了，妹妹没法穿。”

在这样的环境下长大的她，逐渐习惯了“捡别人不要的、剩下的物件”的生活方式，这种成长经历在她的内心深处刻下了“我不配”的烙印。

或许有读者好奇，为什么会有“我不配”的心理状态产生。实际上，童年时期是一个人性格和行为模式养成的关键时期，在这个阶段，如果孩子长期处于被父母忽视、蔑视的环境中，他的自我价值感就会受到严重打击，觉得自己不值得被爱、不被重视，从而产生深深的自卑感。这种自卑感会伴随他成长，影响他在人际关系、亲密关系中的表现。

尤其是面对亲密关系的时候，当一个人内心深处觉得自己“不配”时，即便遇到了美好的爱情，也会因为内在的恐惧和不安而无法坦然接受，他会不断揣摩别人的动机、怀疑别人的目的，担心这份好不能长久，甚至会觉得自己不值得别人如此付出。长此以往，这种心理状态不但会影响自己的幸福感，也会对亲密关系造成极大的破坏。

03

如果不配得感根深蒂固，我们该如何走出这种困境呢？

那就是——用一段好的关系“覆盖”过去的不良关系。

这里说的“好的关系”，并不是说某人在行动上对我们很好。有的人擅长在行动上对人好，但是语言上让人很难受。比如，有的人一边帮助你，一边对你说：“看吧，没有我，你什么都不是。”这样的“好”，只会进一步加重不配得感。真正“好的关系”，是让我们知道，我们是值得的，并且不用付出任何代价。

低配得感的姑娘如果能遇到并嫁给包容性很强的伴侣，愿意花时间和精力慢慢滋养她，不管她做什么事情，都从精神和行动上支持她，做她最强大的靠山，那么她就能慢慢获得力量，拥有“我配得”的心理状态。

我遇到过的另一个类似的情况是，我的一位女性用户，嫁了一个非常好的老公，公公、婆婆、老公都很疼爱她。刚嫁过去的时候，她每天兢兢业业地做家务，生怕公公婆婆说她懒，可她婆婆不但帮着她一起做，还经常劝她多出去玩，并且说："能娶到你这么好、这么勤快的媳妇，我们家可真是太有福气了，你也别太累着了，年轻人多出去玩一玩。"她生下女儿后，她先生给她定了口碑很好的月子中心服务，她不舍得去，闹着要退掉。公公、婆婆特意来给她送礼物且安慰她："你十月怀胎这么辛苦，我们也没能帮你分担点什么。再说了，老公赚了钱不给老婆花给谁花？你好，咱们全家都好。"就这样，在她先生、公公和婆婆无条件的关爱下，在她自己不断努力下，她的配得感一点点提升，内心慢慢涌起力量，她开始相信自己是最好的，是值得被善待的。

因此，我会建议拥有"我不配"心态的女生，遇到对的人就勇敢抓住。

04

拥有"不配得"心态的女生，需要"努力把自己重新养一遍"。然而，怎么养自己呢？

当你觉得自己"不配得"时，请坚定地告诉自己："世界上只有一个我，我是世界上独一无二的存在，我配得世界上一切的美好。"我不需要做到最好才能被夸奖，我不需要讨好别人才能被爱。我有优点也有缺点，我全然地爱着这个优点和缺点并存但独一无二的我。

刚开始尝试这样做时可能很难，因为长期形成的心理模式不是一朝一夕就能改变的，但是，只要我们不断地给予自己肯定和关爱，内在小孩就会逐渐成长，变得更加自信、勇敢。

在这个过程中，我们还可以通过一些具体的方法来提升“配得感”。

比如，当下你非常喜欢一件饰品，或者非常想吃一顿美食时，不要纠结价格，也不要等某个时间点，就现在，立刻给自己买，或者去品尝美食，让自己享受当下的快乐。通过这样的方式，逐渐提升自己的“配得感”。

另外，多走出去，多和积极向上的人、有趣的人、热爱生活的人交往，从他们身上汲取正能量。和那些相信自己、热爱生活的人在一起，我们会受到他们的影响，一点点地让自己也变得有趣和勇敢起来。

记住，世界上只有一个你！你值得经历丰富的一切，值得拥有令你快乐的一切！

4.4 讨好陷阱：明明对方有错在先，为什么永远我先道歉？

具有讨好型人格的人很多。《中国青年报》曾有一项针对

2015 名受访者的调查，结果显示，47.5% 的人感觉自己爱讨好别人，占总人数近一半。

讨好型人格的核心特质是：不断放低自己的姿态以满足他人需求，他们忽视自己的感受和需求，委屈了自己，却往往什么都得不到。

01

我服务过一个典型的具有“讨好型人格”的用户，这个女生很漂亮，工作能力也很强。她一路过关斩将，在大城市站稳脚跟。可这么优秀的女生却在婚姻里将姿态放得特别低，家里的大事小事，全是她一手包办，凡事都以“老公开心”为标准。

然而，即便她如此付出，也没有获得她先生的尊重和珍惜，她先生对她始终有种“呼之则来挥之则去”的使唤感。有一回，夫妻二人和朋友一起外出旅游，她先生甩手掌柜似的呼朋唤友，她娇娇小小一个人在后面拖着两个大行李箱。连旁人都看出她的窘迫，帮着把行李送到房间。她先生却反过来指责她：“怎么回事？放个行李这么点儿小事都做不好，干吗在我朋友面前挂脸？”

女生觉得特别委屈，却还是挤出笑容安慰她先生：“对不起，你快别生气了，我来收拾行李，你先和他们去玩吧。”没想到，等她收拾完行李，发现她先生已经和朋友离开酒店去了另一个地方喝酒，连声招呼都没和她打。忙了一天，女生又累又饿，连口饭都没吃，她非常崩溃，却不敢指责她先生一句，反而自己躲到卫生间偷偷哭，哭完之后，擦干眼泪补了妆，还要像没事人一样，笑嘻嘻地伺候醉酒回来的先生。

这么优秀的她，为什么习惯性地讨好他人呢？

我们先来了解下“讨好型人格”的行为模式，讨好型人格由心理学家维吉尼亚·萨提亚（Virginia Satir）提出，指将取悦别人置于自己需求之上的潜在的、不健康的行为模式或心理状态。

当个体采用讨好型姿态时，他们会以牺牲自我价值为代价，否定自己的自尊，传递出“自己是不重要的”的信息，常有道歉、恳求的神情，常说“这都是我的错”“我没关系”等言语。

讨好型人格的人，在职场上不敢对领导和同事说“不”；社交时也习惯迎合他人；在亲密关系中面对伴侣总是道歉、乞怜，而忽视自己的感受。

悲哀的是，拥有讨好型人格的你越在乎他人，越对他人唯唯诺诺、委曲求全，他人越忽略你，越觉得你微不足道，你的好可有可无。

所以，我每每遇到这样的用户，看到他们在关系里委曲求全，都恨不得替他们反问一句：“明明是你的错，凭什么我道歉？”

02

为什么有些人明明那么优秀，却习惯性讨好呢？这和原生家庭经历有关。

依恋治疗师大卫·弗里曼（David Freeman）博士提出了一个心理模型，叫作“依恋循环”，这个模型能很好地解释人的性格是如何被从小到大的经验所塑造的。

依恋循环的发展有4个步骤：需求—表达—满足/不满足—心理结果。

孩子有着共同的需求，即得到父母的关注和爱。他们可能会用不同的方式来“表达”需求，有的会直接说“我想要一个拥抱”来获得关注，有的可能会通过哭闹、调皮捣蛋、欺负弟弟妹妹的方式来获得关注。如果引起了父母的正向关注，则需求得到满足，孩子也会在心里印证“我使用的这个方式是有效的”。然而，如果孩子没有得到正向关注，那么孩子会通过其他方式，让自己的需求得到满足。

因此，父母对孩子什么样的“表达”给予正向关注，很大程度决定了孩子会发展出什么样的行为模式。

以下两种家庭教育方式，容易导致孩子形成讨好型人格。

一种是带有情绪化的家庭教育方式。这类家庭的父母喜怒无常，稍不如意就把情绪发泄在孩子身上。他们很少给孩子正向关注，更多的是指责、批评、辱骂。孩子在他们面前不敢表达自己的需求，买玩具、要拥抱、伤心了想得到安慰等都是奢望，因为一旦孩子表达了需求，父母就会用负面情绪将其掩盖。

慢慢地，孩子会试探出：当自己很乖、不惹事、能给父母排忧解难的时候，父母就会很高兴，会关注、回应自己。因此，这类孩子很小就培养了讨好的技能，他们善于察言观色，知道父母什么时候不开心，该说好话；知道什么时候该消失，不要让爸妈心烦。久而久之，他们能非常敏锐地察觉到别人的情绪，但几乎不留意自己的感受，于是就形成了讨好型人格。

另一种，是重男轻女的家庭教育方式。女孩在这样的家庭里不受待见，上好学校的机会是哥哥弟弟的，两只鸡腿是哥哥弟弟的，夸奖也是给哥哥弟弟的，吵架了父母也偏袒哥哥弟弟，就连长大之后买房也是哥哥弟弟各一套。女孩在这个家庭中像透明人一样。

夹缝中生长的女儿慢慢发现，当自己对哥哥弟弟有帮助时，父母就会正视自己。于是，女孩逐渐学会了，有利益冲突的时候，礼让哥哥而不怨，被欺负的时候，忍让弟弟而不怒，只有这样，才能得到爸爸妈妈的爱。

像我前面提到的用户，她的原生家庭就属于第二种情况。父母偏心弟弟，而为了讨好父母，她一直表现得很“优秀”。她的成绩排名始终保持前三，能干、懂事，是村里第一个考上“985”大学的“争气女儿”。只是，看似优秀的背后，全是她恐惧和害怕“不被喜欢”。

从原生家庭到社会，这类孩子长大后就会潜移默化地认为，只有自己的行为“符合对方的标准和要求”，才能获得被善待的资格。

事实上，任何一种关系，尤其是亲密关系，越讨好对方越适得其反，不仅无法获得他人尊重，还会让自己陷入被动，被人轻视、欺负。

03

比起寻找讨好型人格形成的原因，我们更应该将重心放在调整性格上。只要你愿意，你完全可以重新活出自己，过上只取悦自己的人生。

想要摆脱讨好的性格，关键在于“练习勇气”。

练习勇气，就意味着你需要尝试去面对你以往不敢面对的东西，那就是别人的愤怒。在讨好型人格的世界中，他人的愤怒是最恐怖的事情，可以说，他们做出的所有妥协，都是因为不敢面对他人的怒火，觉察到他人的怒火，就仿佛感受到了儿时父母的怒火。

因此，想要改变讨好的性格，就要学着直面他人的不耐烦、学着直面意见冲突，只有这样，你才能知道，原来别人的情绪也没有那么可怕。

具体怎么做呢？首先，练习“讨价还价”。

讨价还价是指，当对方要求你做什么时，你也适当地要求对方为你做些事。比如，男朋友要求你随传随到，以前你可能收到“命令”就不顾一切飞奔过去，但现在，你可以反过来提要求：“我想吃火锅，等会儿带我去吃火锅好吗？”

当然，如果你一开始不敢这样做，那可以先从主动向对方索要拥抱、亲吻，或者引导对方先说一句感谢你、夸奖你的话，让你逐渐适应你也可以提要求的感觉。

慢慢地，你会发现：

①有时你的需求是会被满足的；②有时不满足他人的需求也是没关系的；③即使对方有点儿不高兴，也不会怎样。

其次，练习延迟答应。

具有讨好型人格的人很难有勇气拒绝他人，习惯性地说“是”。“延迟答应”的意义恰恰在于不要那么快地答应对方，给自己留点缓冲时间，逐渐积攒起说“不”的勇气。

比如，男朋友呼唤你马上出现在他的朋友局，而你正在和闺蜜看电影时，不要一下子冲出电影院。要知道，你自己的需求才是第一顺位。你可以回复：“宝贝，我正在和闺蜜看电影呢，可能要晚一点过去，等我哈。”

不要怕男朋友会因为这点儿小事和你闹分手，当你不再对男朋友百依百顺时，通常他不但不会离开，反而会开始在意你的感受。退一步讲，假如他真的因为你优先满足自己的需求而和你分手了，那说明他并不是合适的伴侣。

当然，以上两种方式只是帮助具有讨好型人格的人坚持自我，本质上，讨价还价和延迟答应，在关系里依旧是“你弱他强”的博弈。然而，只要我们坚持自我，拒绝他人的不合理要求，放下取悦他人的念头，就能一步步找回平等的关系和状态。

记住，仅有一次的人生，我们该讨好和取悦的，只有自己！

4.5 情感退行：为什么遇不到“霸道总裁爱上我”的恋爱桥段？

有些姑娘戴着滤镜看待爱情，以至于抱着“霸道总裁爱上我”的期待感。在她们看来，爱情就该感天动地，伴侣就得像骑着白马而来的王子一样，既能上刀山下火海，又能把我当珍宝一般放在手心里。

01

我的一位用户，她有个条件不错的男朋友，对她也很包容、贴心。因为男朋友事业处于上升期，所以特别忙，这个女生就很不开心，觉得男朋友更看重事业，不够爱她。他们动不动就吵架，5个月说了6次分手，她还扇了男朋友好几次耳光。最夸张的一次，她因为男朋友没有猜出她为什么心情不好，非要男朋友给她道歉：“你女朋友都生气了，你竟然不知道为什么？”男朋友一脸蒙，但还是低头认错：“我错了，对不起。”

按理说，男朋友都包容到这个地步了，女生应该适可而止，但麻烦就麻烦在女生非要男朋友说清楚到底哪里错了。就这样，折腾到半夜两点多，工作了一天的男朋友实在坚持不住，打起了瞌睡。这下，女生彻底崩溃，又一次大喊分手。

结果显而易见，两人真的分手了。

然而，明明是女生自己提的分手，真分了手她又舍不得，哭哭啼啼来找我，满腹委屈："Mu 姐，他明明知道我不高兴了，怎么就不能好好安慰我呢？"在她看来，男朋友既要赚钱养家，还得包容她的情绪，为她提供情绪价值。

显然，这样的爱情只存在于偶像剧中。现实生活中，"霸道总裁"在商场上日日拼搏就用尽了全力，根本不会有余力研究女朋友为什么生气。退一万步说，就算真有无限容忍度、无条件提供情绪价值的优质男士，这天大的好事为什么会落到你的头上呢？

02

相信很多读者都会觉得这个女生恃宠而骄，对于爱情太过贪心，是既要又要还要。然而，这类姑娘更大的问题在于——心智不成熟。

在亲密关系里，这类人不会把伴侣当成独立的个体来尊重，反而会把伴侣当成"理想中的父母"。自己像孩子似的把对父母的所有期待全部投射到伴侣身上，渴望伴侣能无条件地爱自己、保护自己、支持自己。因此，她们通过不停地闹来验证伴侣是不是真的爱自己。

这种现象在心理学中叫作“退行”，是弗洛伊德提出的一种心理防御机制。

它指的是个体在遇到挫折或面临焦虑时，在心理上或行为上退回到较早阶段的状态，表现出与年龄不符的幼稚行为、言语或情感反应，以此降低自己的焦虑，应对当前的压力或困难。

我孤单了，伴侣要放下一切来陪我；我不开心了，伴侣要费尽心思来哄我；我生病了，伴侣必须嘘寒问暖；我想要的东西，伴侣得倾尽全力地提供。想想看，这和小孩跟妈妈哭喊“我就要我就要”的场景是不是很像？

问题是，亲生父母都未必能满足孩子的所有需求，相识不久的恋人更不太可能做到无条件地满足和包容。

03

为什么成人会在亲密关系中出现退行行为？这和原生家庭有关。

孩子在幼年时遭遇丧亲、父母暴力 / 离婚等创伤性事件，就极可能形成创伤。这些无意识的伤害会储存在孩子心里，多年后遇到相似情境时，这些创伤就会被激活，导致退行发生。

更常见的一种情况是孩子和父母之间的情感依恋关系。

“安全岛”理论指出，如果孩子在原生家庭中得到父母足够的安全感和爱，内心就会形成完整的安全岛，这样的孩子在成人后能带着更充沛的力量去探索世界。

反之，孩子如果没在早期和父母形成良性的情感依恋，内心的安全岛就会缺失，这样的孩子成年后需要花更多时间去填补幼年爱的缺失，容易陷入不安状态和内耗。

就像来找我的那位女生，经过咨询我发现，她幼时和外婆长大，和父母的关系很疏远，内心缺乏安全感的她一直觉得自己不够优秀，不值得被爱。平时在工作中，她特别努力、懂事，以此来证明自己是优秀的，但在亲密关系中伪装优秀的她内在小孩被爱的渴望被激发，潜意识就把她对理想型父母的期待投射在其伴侣身上，以此补全内心中不完整的安全岛。

准确来说,“既要又要还要”的姑娘们并不是单纯的性格骄纵，而是她们缺乏安全感、渴望被爱。

04

值得注意的是，我们了解退行，并不是让父母承担责任，而是为了追溯根源，寻找解决方法，让我们自己获得真正的成长，拥有健康的性格，也拥有健康的亲密关系。

那么，像这样的女生，应该如何调整自己呢?

这里推荐一个我研究的技巧——“爱箱”清单。

这个清单可以两个人一起写，也可以单独写。拿出一张纸、一支笔，在左边列出“他做过的让你觉得被爱的事”，右边列出“你做过的让对方觉得被爱的事”。

“爱箱”清单

他做过的让你觉得被爱的事	你做过的让对方觉得被爱的事
1.我生气，他总是给我讲笑话	1.每天下班，我都会早早回家给他准备晚餐
2.我洗完头，他给我吹头发	
3.我说分手，他抱着我说爱我	
……	

两者对比，如果被爱的事内容越丰富、数量越均衡，就说明两人亲密关系越和睦。

如果自己能列的被爱的事很少，就一定要警醒，提醒自己做出调整以保持左右两列平衡，确保彼此的“爱箱”都是满的。

这个技巧的底层逻辑源于《爱的五种语言》里的“保持‘爱箱’常满”。每个人的心里都有个“情绪箱子”等着被爱填满，“保持‘爱箱’常满”对亲密关系的重要性，如同汽车里要有足够的汽油一样。除了让对方“给出爱”，我们也一定要记得“回馈爱”，两人的“爱箱”越满，爱箱里囤的“爱的清单”越多，关系才能越稳当。

带着这样的认知，刻意练习自己的情绪调节能力，意识到自己“作”时，叫自己马上停下，安静下来，强迫自己寻求成熟的方式去填满彼此的“爱箱”。

自尊心理学领域的开创者纳撒尼尔·布兰登（Nathaniel Branden）曾这样定义浪漫爱情：“浪漫爱情属于成人。不论在字面上，还是在心理学意义上，都不属于小孩，也不属于那些仍然感觉自己是小孩的人，不论其年龄大小。”

愿我们，都能填满“爱箱”，拥有浪漫爱情！

4.6 话语权争夺：婆婆总是插手夫妻生活怎么办？

婆媳关系一直是婚恋关系中绕不过去的一个坎。我服务过非常多拥有类似情况的互动用户，他们明明夫妻感情非常好，却因为日常的婆媳问题，闹得“多败俱伤”，甚至以离婚收场。

婆媳问题可以说是千古难题。尤其是遇到强势的婆婆，媳妇太冒进，容易伤了先生的心；媳妇太退让，自己又委屈得不行。进又进不得，退又无处退，简直寸步难行。想让先生解决，偏偏他只懂得逃避。婆媳一吵架，他只会和稀泥，反而把关系搞得更糟糕。

01

我有一位用户是北方姑娘，远嫁到南方城市，公婆也颇有家资，直接出款给小夫妻安置了婚房。为了照顾小两口，公婆直接搬进了他们的新家，一切看起来都很棒，闺蜜都很羡慕她。

然而，这姑娘却说日子过得非常糟心，甚至纠结要不要离婚。

我问她：“婆婆排挤你了？”

她回："没有。"

我再问："婆婆拿你当生育机器了？"

她回："也没有。"

"那究竟出了什么事，让你不得不考虑离婚呢？"

仔细一问才知道，原来是因为她的婆婆没有边界感。

比如说，她婆婆习惯招呼都不打，直接就冲到她房间。她习惯穿着睡衣躺在床上追追剧、刷刷手机，婆婆每次突然开门都会吓她一大跳，搞得她特别尴尬。她觉得自己在家里一点自由都没有。

最尴尬的是，有几次她和她先生在房间里亲热，婆婆却突然敲门说要送水果，给小两口都留下了心理阴影。

她委婉地和婆婆说过这个问题，但婆婆每次都我行我素。她也和她先生聊过这个话题，她先生也确实和婆婆谈过，但谈了和没谈一样，没几天就又恢复原样了。

我相信，这是所有婆媳关系里问题较轻的一种了。

从业这些年，恶化的婆媳关系我也见过不少。婆婆厉声反对婚事的、在火车站把儿子的腿打断的、诽谤媳妇要侵占自己家产的、到居委会投诉说媳妇害自己的，什么样的都有，但都没有这个案例来得印象深刻，因为这种看似没什么大的冲突但钝刀子磨肉的婆媳日常摩擦实在令人窒息。

02

武志红老师的《中国式的情与爱》一书中非常犀利地指出了

婆媳问题背后的“矛盾真相”：婆媳关系其实是一种三角关系，即一场三角恋。因此，婆媳之间的矛盾根源其实是权力的竞争。老公的家庭里有媳妇和婆婆两个女人，谁才是女主人呢？

健康的家庭关系中，媳妇当然是家庭中唯一的女主人。那么，为什么婆婆非要和媳妇“抢”呢？

一方面，婆婆可能大半辈子都以儿子为中心，生活重心全围绕着儿子。儿子一结婚，作为母亲，她自然会有巨大的失落感和落差感。儿子再大也是她眼里的孩子，她肯定是不放心的，自然爱插手小夫妻的生活。

另一方面，婆婆可能占有欲强。容易激化婆媳矛盾的婆婆，大概率是家庭中最被忽视的人。

我们可以通过几个问题来测试一下：

婆婆和公公关系如何？

公公对她尊重更多还是忽略更多？

婆婆嫁给公公后，是否被婆家当作“透明的外姓人”？

婆婆从小在娘家，是否被当作“迟早要嫁走的外人”？

……

在娘家不被父母认同，在婆家被公婆忽视，若和丈夫关系又一般，这样的人自然下意识地把儿子当成自己依附共生的人。而新媳妇的到来就像是婆婆舒适区的“危险入侵者”，她必须做点什么来维护自己的权益，让儿子意识到自己是重要的、不可或缺的。

或许，连她自己都没意识到，她事无巨细地“插手”背后，藏着她证明自我存在的卑微。

如果我们只看表面现象，觉得婆婆管太多、对儿子好得没有边界、对儿媳挑剔，那就很容易与其起冲突，但如果我们站的视角高一些，透过行为看心理，看到婆婆的刷存在感背后是空巢落寞、对失去儿子的恐惧，就能心生慈悲，公正地看待婆婆的一些行为。

03

在我写本节内容的前一天，我的婆婆刚好给我先生发了这样一段话：“儿子，今天上午小曹对我说了一句很暖心的话。她说我付出了那么多，该享福了。俗话说，有个好儿子不如有个好儿媳妇，妈也赞扬儿媳妇的大爱精神。愿好人一生平安！步步高升！”

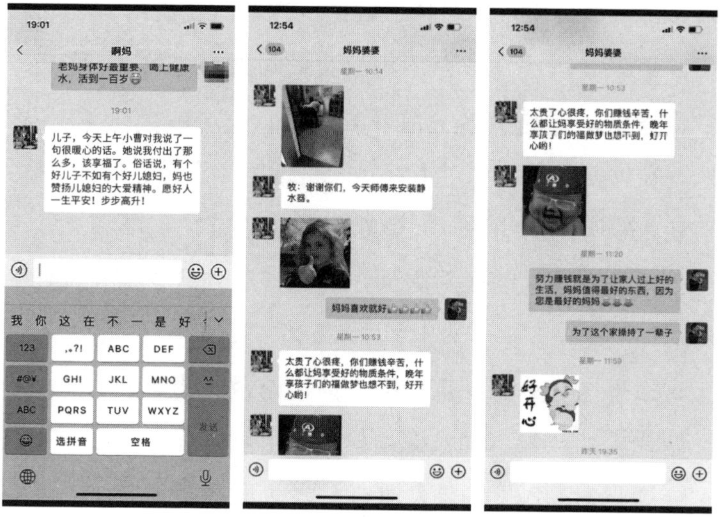

为什么我能和婆婆处好关系？因为我有 3 句口诀：

①尊重婆婆；②婆婆说什么都是对的；③距离产生美。

首先，给足婆婆情绪价值。

婆婆渴望被“看见”，我们就积极“看见”、表达感谢、重视她的付出。

实操起来需要做两个动作。

第一，逢年过节给婆婆包个红包，把她平日里不舍得买的东西买下来送给她。儿媳孝顺婆婆，婆婆自然高兴，还会在老姐妹面前夸：“这是我儿媳给我买的。”

第二，大家都喜欢嘴甜的人，老人家更甚。我们作为晚辈，回家说几句好听的话是应该的。感恩婆婆养出了你的好老公，在家里，婆婆功劳最大。体己话有时候比钱更讨婆婆欢心。

之前过年的时候，我们给婆婆小县城的房子里新装了一个净水系统。老人家没用过这么高级的东西，就说：“哎呀，小曹你们破费了，赚钱辛苦，不用给我们买这么好的。”我说：“妈妈，你值得。你是世界上最好的妈妈，你辛苦操持了一辈子，我们现在外面挣钱让您过上好日子是理所应当的。”

老人家听见这些话，心里能不开心吗？

另外，别站在婆婆对立面。时刻提醒自己“婆婆说什么都是对的”。

这么思考当然有一定难度，但这是经营婆媳关系的核心智慧。两代人的认知不同，无须较真。不管婆婆说什么，先点头说“您说得对”，顺应老人情绪，之后再慢慢沟通，思考解决方法。

比如，婆婆总爱打扫房间，经常不打招呼就直接进来拖地抹桌；婆婆没有边界感，在不适宜的时候敲门送水果。不要和婆婆讨论“隐私权”“边界感”等事情，这不仅改变不了婆婆的习惯，还容易引发“婆媳大战”。如果你站在自己的维度，就只能看到婆婆对你们生活的侵犯，但是如果你能站在更高的维度，去体会婆婆找存在感的背后是对被肯定的渴望，那应对方式自然会不同。你也许会说：“妈！我们接您到城里来，不是让您当保姆的，是让您享福的。这些事儿我们自己来就好，您这样我们多过意不去呀！您就舒舒服服地在客厅看电视、吃水果就行。”

最后，也是最重要的，距离才能产生美。

即便婆婆和儿媳都是性格好、易相处的人，但毕竟两个人曾经是陌生的，因为一个男人突然生活在一起，肯定会有生活方式不同、性格磨合上的问题。尤其是在孩子的教育上，两代人的观念完全不同，产生冲突的概率大大增加。这时候，千万不要考验人性，不要图方便和婆婆同住。图一时的方便，可能会惹来一屋的麻烦。

让婆婆在公婆家，当女主人。

让儿媳在自己家，当女主人。

距离产生美，才有机会皆大欢喜。

说到底，家不是讲对错的地方。

我们结婚，是奔着幸福去的。

公婆娶媳，也是奔着幸福来的。

我们只有拥有一定的智慧，理解婆婆的无力，看见家人的需求，才能获得让全家幸福的能力。

第5章

金钱问题：
爱情不是柏拉图，既谈面包也谈爱

5.1 谈钱不丢人，这样谈还能让感情更甜蜜

我遇到过非常多不敢在恋爱关系里谈钱的女生。比如约会谁买单，旅游谁承担哪部分费用。她们要么刻意对金钱话题避而不谈，要么默默等待对方安排，最后把自己陷入极为被动的境地。

为什么在谈钱的时候感到难为情？很多女生给出的答案是：担心对方会觉得自己过于看重物质，破坏了爱情原本的纯粹与美好。

然而问题是，现实里的爱情可没办法做到“有情饮水饱”。

尤其是在婚姻里，柴米油盐酱醋茶，方方面面都需要用钱。“嫁汉嫁汉，穿衣吃饭”。谈钱本身并不会破坏感情，关键是如何谈。

01

我有一位女性用户，她丈夫收入不菲，但她仍常常为家庭支出的问题发愁。

产生此种现象的原因是虽然她丈夫很能挣钱，但主动为家庭付出的意识却很薄弱。他们的家庭中没有共同账户，日常开

销都是各付各的。丈夫负责一些大的开支，她负责一些小的开支。他们结婚之后，几乎没有讨论过钱的话题，就默契地形成了这样的分工，主打“你花你的，我花我的”。女生希望丈夫多付出一点，但她不好意思开口，而男方假装没发现这件事，自己存自己的钱。

过年期间，夫妻二人要带一大家人外出旅游，丈夫破天荒地主动给女方转了5万元，还专门强调：“你看着安排，不用还。”

这让女方非常不舒服：你是我老公，怎么老公给老婆钱，还要强调“不用还”。

为此，她到直播间诉苦：“Mu姐，我真的觉得好委屈。外人都以为我嫁了个条件好的人，都没人相信我经常拆了东墙补西墙。就说这次旅游，本来就是带着他家父母和我家父母一起出门旅游。就算一人支付一半，他也应该给我钱。他怎么转给我钱还说什么不用我还呢？他到底是怎么想的？在很多家庭，老公赚了钱是会交给老婆的，我老公明明有钱，怎么就不愿意给我们这个小家用呢？”

我问：“你们恋爱的时候也是AA制吗？”

她回答：“我们第一次约会吃饭，他就提出AA制。我当时不好意思拒绝，后来便逐渐形成了习惯。即使现在也常常是AA制。”

“你自己接受AA制吗？”

“我不是很能接受。”

“那你和他沟通过吗？”

她迟疑了一下，说道：“他第一次提出 AA 制，我心里就不舒服，但那时刚谈恋爱，我不好意思开口，怕他觉得我过于看重钱财、太势利。再加上我们双方父母都很熟悉，都说他很优秀，我想着，结婚之后钱肯定是共用的。没想到，结了婚他还是不主动付出。”

或许你听到这个故事会觉得匪夷所思，但这种现象并非个例。

许多女生在恋爱/婚姻中都面临着类似的困境。她们对如何花钱是有自己的想法的，但因为不好意思谈钱，只能自己默默纠结和感到不安。

02

女生不好意思谈钱，大概率是“不配得感”在作祟。

她们在成长过程中接收到了一些负面评价，让她们潜意识里对自己的价值评估偏低，认为自己索要金钱支持是一种过分的、不应该的行为。

此外，社会文化观念的影响也不容小觑。一些传统观念将女性在情感关系里对金钱的关注视为物质、拜金。很多姑娘害怕被贴上拜金标签，即便有需求，也会因为忌惮外界评判而羞于启齿。同时，对感情纯粹性的过度追求，也使她们担心谈钱会让感情变质，似乎一旦“谈钱”，就会让对方觉得女生爱的是钱而不是人。为了保护自己在伴侣心中的“纯粹性”，女生压抑自己对金钱的需求，默默忍受不谈钱带来的物质上的不便。

最后，从进化心理学角度分析，女性和男性谈钱是“天经地义”的。

在原始社会时期，女性获取食物和找寻安全居所的能力逊于男性，且怀孕与哺乳会使女性身体负重、行动受阻，如果在孕期，她们不能从男性那里获得庇护，那就意味着自己和子嗣都难以生存，因此男性的经济情况，如狩猎获取食物、建造住所等，就成为女性保障后代生存的关键要素，也是女性择偶的必要需求。

现在，虽然女性经济地位大幅攀升，但择偶时仍会下意识评估男性经济实力。其核心是——为子女谋求经济保障。

经营婚姻和家庭，就如同经营一家公司，支出和收入，是绕不过的话题。如果一家公司没有财务管理、没有资金分配、没有账目登记，全凭员工的默契来运作，那是难以想象的。

因此，女性没必要被“拜金”的标签或“不配得”的观念所束缚，一定要大胆谈钱。

03

鼓励大胆谈钱，但绝不是让大家用强硬或无理取闹的态度去索要钱。大胆谈钱要以“谈钱不伤感情”为目的，平和、理性、充满爱意地去沟通。

核心要点在于：

你所表达的经济需求，建立在“夫妻共同需求”的基础之上。

无论是 AA 制，还是丈夫没有为家庭付出的意识，我们都可以巧妙地沟通和处理。比如，我的一位女性用户，她的丈夫是位创业者，虽然经济条件不错，但喜欢投资。她先生经常在资金周转的时候，把所有的钱都投入进去，导致遇到几次临时的大额消费时，她只能用信用卡先垫付。最夸张的一次，是碰到老人生病，急需购买一种昂贵的进口药物，偏偏那几天，她丈夫把家里所有的钱都投放在项目里了。最后，她东拼西凑才勉强买到药。这件事让她心惊肉跳，觉得再也不能这样下去了，于是找我寻求帮助。

我建议她务必找个彼此都很放松的时间，郑重地和丈夫谈一谈。

怎么谈呢？

我建议从家庭的长远发展出发，从子女的教育规划出发，从家庭的应急保障出发去谈。比如，借此次老人生病事件，坦诚地和丈夫沟通：“老公，我这次真的吓坏了。如果老人真的出事，我们可怎么办？我想，我们还是建立一个应急资金库。等你投资的那笔钱赎出来，你看我们能不能先给双方老人买个保险，或者做应急储备。这笔钱留给父母用，不管什么投资都不能动。你看怎么样？这样再遇到意外的时候，我们也不至于手忙脚乱。”

同理，家庭的日常开销、旅游花费、投资和理财，也同样把规划的意义分享给丈夫。

每一笔钱，都花在家庭经营上。

每一次谈钱，都是为了家庭更好。

让伴侣意识到，我们赚的每一笔钱，谈的每一笔钱，以及放在一起的每一笔钱都是为了让我们共同的家庭和未来更加稳定和美好，只有这样才能过上更健康、安稳的生活。

5.2 钱和情绪价值，必须二选一吗？

每次听到女生在直播间问："Mu 姐，我觉得他给不了我情绪价值，怎么办呀？"我都会在心里感慨：又是一个不开窍的孩子。她未来的感情生活，估计还会"碰壁"很多次。我甚至能想象到她的未来——反复挑剔现在的男朋友，争吵无数次，然后分手。之后痛下决心，计划找一个对自己好的人。接着，"如愿以偿"的她享受到了一段时间的"小公主"待遇，接着过了几年，结婚了的她又来直播间找我："Mu 姐，我的老公不上进，从来不为家庭付出，怎么办啊？"

我问："这不是你想要的吗？"

她回："我不要一事无成却温柔的伴侣"。

这不是我的凭空猜想，因为我真见过不少这样的案例……

01

前不久，一位满脸愁容的用户找我咨询婚姻问题。

她的丈夫是她的研究生同学，他们俩在读书时相恋、结婚，后来定居海外。

她是家里的独生女，家境不错，从小备受宠爱。她读书时就有很多人追求，但她偏偏看上了现在的丈夫。相较之下，她丈夫的家境很普通，他来自多孩家庭，父母只能承担得起他的留学费用，没办法给他更多的助力。留学期间，他因为需要勤工俭学，所以成绩也不是很突出，找的工作薪酬还不如她高。总之，从经济的角度来看，他并不是很好的结婚对象。

然而，她不顾父母反对，执意结婚。她的理由是丈夫虽然穷，但个性温和，能给她提供情绪价值。

起初，两人感情非常好。她写毕业论文的时候压力非常大，经常失眠，她的丈夫会把她抱在怀里，给她读喜欢的诗歌和散文，帮她放松神经。她想吃中国菜，丈夫就去中餐馆打工学做中国菜。忙碌一天回到家不管多累，丈夫都会给她精心准备她爱吃的菜。总之，这个男人满足了她的择偶需求，她想要的东西，不用说出口，丈夫就能心有灵犀地马上送到眼前。

然而，他们的情感危机发生在婚后第三年。那一年，女生生下了一儿一女。因为需要育儿帮手，所以两个孩子都在三个多月大的时候被她带回了国内，交由外公外婆照顾。后来，外婆实在不忍女儿骨肉分离，赞助了一笔首付，让她在海外置办房产。一家人这才得以团聚。

还没享受多久团聚的快乐时光，沉重的经济负担就压得夫妻俩喘不上气。她因为生育错过了职场黄金期，薪酬一直没有上涨，而丈夫的薪酬本来就低，夫妻俩的收入只能勉强支撑一家六口的开销（外公外婆留下照顾孩子）。老人心疼女儿，就把养老金拿出来贴补。慢慢地，就演变成房子、车子、育儿开销等大头都由女方父母付钱，丈夫则成了家里“随叫随到的保姆”。这种生活令丈夫疲惫，妻子明显能觉察到他的敷衍和应付，别说给妻子提供高质量的情绪价值，夫妻二人如今连独处的时间都没有了。

日子久了，妻子觉得非常憋屈：“孩子是我生的，是我和父母照顾的，车子房子是我父母支付的。我自己也能赚钱，不稀罕他赚的那一点点钱。他现在既提供不了经济价值，也提供不了情绪价值，简直一无是处。”

原本恩爱的两个人，突然就变成了最熟悉的陌生人。

她无奈问我：“Mu 姐，我当初真的选错了吗？我要为了孩子坚持下去吗？”

02

通过这个案例，我们不难看出，亲密关系中平衡好金钱与情绪价值真的太重要了。

两个人因为爱情进入婚姻，本以为“有情饮水饱”，谁承想贫贱夫妻百事哀。人到中年才发现，上有老下有小的压力，让彼此都没有余力再为对方提供情绪价值了。

这段婚姻到底是哪里错了呢？

本质上，他们都没有错。他们只是低估了现实对爱情的冲击。

在情感世界中，金钱和情绪价值真的如同鱼与熊掌，难以兼得。

如果我们选择事业型伴侣，就会发现——他们为了事业日夜忙碌。无穷无尽的会议、频繁出差、紧张谈判等填满了他们从早到晚的生活。他们虽然能为伴侣提供物质基础，却抽不出身给予伴侣陪伴与情感慰藉。选择和这样的人在一起，大概率要在大多数时候孤零零地面对空荡荡的房间和只有一个人的重要时刻。情人节的烛光晚餐、周末的公园漫步，对这类人而言都太过奢侈。

全力追逐金钱，情感陪伴必然缺失；

专注营造情感，经济保障或许不足。

大多数人在亲密关系里，只能在金钱与情绪价值间徘徊权衡，尝试找到平衡。这是一场艰难的博弈，只能在其中不断挣扎、妥协，努力维系着关系才不至于崩塌。

03

成熟的人在面对爱情时，应该清楚地认识到：我们得为自己的选择承担后果。如果我们选择了金钱，那就要接受情感上的平淡；如果我们选择了情绪价值，那就要有足够的韧性去应对物质上的困难与挑战。此处的成熟，指的是心智和经济上的双重成熟。

我们需要审视自己的内心，明确自己真正想要的是什么，然后坚定地做出选择，并以一颗勇敢而成熟的心去面对由此带来的一切。

如果我们选择了一个能给自己带来高情绪价值的伴侣，那么就做好心理准备，去面对甚至承担可能出现的经济压力和不确定性。

如果我们选择了一个能给自己带来优渥生活条件的伴侣，那么就做好心理准备，去承受漫漫长夜里的孤单和寂寞。

这并不是说金钱与情绪价值在亲密关系中是完全对立的。在一些关系里，通过良好的沟通、相互的理解与包容，伴侣双方能在一定程度上实现两者的平衡。因此，当我们思考金钱与情绪价值在亲密关系中的重要性时，不妨先问问自己：

我是一个怎样的人？

我真正渴望的是什么？

我是否有足够的能力和勇气去承担自己选择所带来的后果？

我们是否可以以人生合伙人的身份扭转家庭的无助局面？

只有当我们对这些问题有了清晰的答案，我们才能在爱情的迷宫中找到属于自己的方向，不至于在金钱与情绪价值的选择中迷失自我，让原本美好的爱情在现实的碰撞中支离破碎。

5.3 面对富有却吝啬的伴侣，应该何去何从？

互联网上充斥着这样一种论调——“不给你花钱，就是不爱你”“没有付出意识的人，千万不能要”。而我在咨询过程中也经常听到这样一句话：“我们相处了这么久，他一点都不付出，那不就是占我便宜吗？”

我想说，除非你把自己放在了秤盘上待价而沽，否则，没有人能占你便宜。

不过话说回来，为什么有的女生会把钱和爱画上等号？不花钱真的就代表了不爱吗？其实，在大多数情况下，恋爱中和钱有关的矛盾，本质上都是金钱观的冲突，和爱无关。准确来说，是和“金钱人格”有关。

金钱人格是《谈钱不伤感情：影响夫妻关系的5种金钱人格》（*The Five Money Personalities: Speaking the Same Love and Money Language*）一书中提出的概念，这本书的作者是美国著名的“金钱伉俪”斯科特·帕尔默（Scott Palmer）和宝芬妮·帕尔默（Bethany Palmer）。

两位作者认为，金钱人格是指每个人考虑和处理金钱问题的独特方式，常见的金钱人格可概括为5种，即省钱王、消费狂、冒险家、求稳者、随性者。在下面的章节，我会依次为大家介绍这5种金钱人格的特点。

01

我有位用户是个 24 岁的江苏姑娘，她是在读研究生，家庭条件不错。她在爱情里遇到了什么问题呢？她天天怀疑男朋友不爱她。

她的男朋友是她外出实习时认识的。对方 32 岁，工作多年，也算小有成就。他从小县城里拼搏出来，靠自己在大城市买了车子、房子，站稳了脚跟，加上他长得高大帅气，我这个互动用户很喜欢他。她的男朋友对她很好，她工作上遇到问题，男朋友很耐心地教她，甚至比她自己还操心。

唯一的问题是，男朋友不舍得为她花钱。

她过生日，期待男朋友给她买心仪已久的包包，再带她去米其林餐厅吃烛光晚餐，没承想，男朋友只是把她带回家，给她做了顿饭，嘱咐她多吃几口。再看男朋友送的礼物，竟然是亲手制作的钢丝戒指，并装在了彩色卡纸折叠的戒指盒里。姑娘气得肺都要炸了：“今天我过生日呀，你这是什么礼物？我早和你说过了，我要去米其林餐厅吃牛排。你根本就没有心，一点都不在意我。”

男朋友还很认真地解释：“我这不是给你做了牛排吗？在家吃多划算，干净又卫生。外面那个牛排，一点就要一千多元，就只是多摆了几朵花瓣而已。”

两人闹得不欢而散。

这不是他们第一次因为金钱观而吵架了。女生花钱大手大脚，看到喜欢的东西就会毫不犹豫地购买。她的衣柜里塞满了还没拆标签的衣服。她的男朋友总批评她乱花钱，还会限制她买衣服。约会吃饭也是，女生喜欢去有仪式感的餐厅就餐，但男朋友总是带她去路边摊将就。她实在不理解，男朋友条件不差，怎么就不愿意为她花钱呢。

在她看来："爱我就得为我花钱，他不给我花钱就是不爱我。"

经过深入咨询，我很确定，男方是想和她结婚过日子的，但他们之间最大的矛盾在于——处理金钱问题的方式是截然不同的。男方是典型的"省钱王"，女方是典型的"消费狂"，这两种金钱人格截然相反的人在一起，就如同火山遇到冰山，很容易因为不同的金钱观闹得鸡飞狗跳。

02

《谈钱不伤感情：影响夫妻关系的 5 种金钱人格》一书里这样介绍"省钱王"考虑和处理金钱问题的独特方式：

- 具有本能的省钱冲动，花钱越少越骄傲。
- 讨厌欠债，甚至不爱用信用卡。
- 即使看到喜欢的东西，也会因为价格因素而放弃购买。
- 不惜花费大量时间和精力，为了节省几元钱去寻找性价比最高的商品。
- 严格控制家庭日常开支，拒绝购买不必要的物品。
- "省钱王"在浪费钱时会感到极度自责和焦虑。
- 在财务方面很有条理且负责任，每一笔支出都会精打细算。

属于这类金钱人格的人不管多有钱，都会注重储蓄和节俭，将金钱的积累和稳定视为重要目标，认为合理规划和控制支出是实现财务安全的关键。

知道了“省钱王”处理金钱的方式，我们也就能理解案例里的男朋友，为什么不给女生买名牌戒指、不去高端餐厅——因为这类人不会为溢价买单。

而“消费狂”简直就是“省钱王”的天敌，他们处理金钱的方式是：

- **买！买！买！不在乎花了多少钱，以及钱是为谁花的。**
- **不一定富有，但热衷于花钱，将花钱视为一种让生活充满乐趣的方式。**
- **购物能带来兴奋感，帮人付账、送礼物、抢单等都会让他们感到快乐。**
- **并非真的需要，只是单纯地追求购物过程中的兴奋和满足感。**
- **完全没有财务规划，不考虑消费行为对家庭财务计划的影响。**

属于这类金钱人格的人更注重当下的消费体验和满足感，通过购物来获得快乐，对金钱的价值衡量更多地基于消费所带来的即时享受，而非长期的储蓄或投资。如果不让他们消费，他们会觉得沮丧和失落。

二者一对比，我们会发现，“省钱王”和“消费狂”，简直就是截然相反的两类人。

03

在爱情与婚姻的世界里，金钱人格的契合度往往决定着生活的走向。我们必须承认，“消费狂”与“省钱王”的组合堪称亲密关系里最不合适的搭配。当这两种截然不同的金钱人格在婚姻中相遇，矛盾便接踵而至。

“消费狂”觉得“省钱王”太过小气、吝啬，无法理解自己对生活品质的追求；“省钱王”则认为“消费狂”肆意挥霍，毫无理财观念，是对家庭财富的不负责任。双方在购物、旅游、日常开销等诸多方面都会产生激烈的争执，原本美好的感情在金钱观的碰撞中逐渐消磨。

这两类金钱人格的伙伴，如果想进入亲密关系，一定要慎重考虑——我们是否能为了爱情去改变或者控制自己的消费习惯？

我的一位男性友人，就是典型的“省钱王”。

虽然他已经是事业有成的小老板了，但他日常生活还是很节省。有的老板出行都是豪车加助理，他却开着已有 10 年历史的“老爷车”上班。一件西装外套穿了三五年都不换新的。不过，他虽然对自己节俭，但是给员工发工资却属于业内较多的。

说实话，他生活中省下的那点钱可能办不了什么大事，但正是他这种把钱花在刀刃上的品质，让他把公司经营得井井有条，度过了一次又一次的危机。

如果换作是别人，未必能把公司经营得这么“稳”，这就是“省钱王”所能提供的安全感。和这样的伴侣生活在一起，生活水平未必很高，但是几乎不必担心家庭财务出现问题。

这样的“省钱王”，如果对待别人时能“变通”一下，二人关系就能更融洽了。

事实上，我那位“省钱王”朋友也是这样做的。在他的家庭理财规划里，他每月会为“消费狂”妻子提供一笔固定的零花钱，无论妻子如何花这笔钱，他即便很心疼也会装作毫不知情。而妻子也因此收获了花钱的相对自由与快乐。虽然一开始她也会闹，会超额花费，但在多次争吵和博弈中，妻子慢慢意识到，如果由她当家，确实很容易让全家陷入困境。如果配合丈夫，家庭资产便会日益增多，而丈夫给她的零花钱额度也会相应提升。她开始明白，自己任性花钱只能快乐一时，只有通过丈夫帮她管理好财务，她才能获得可持续的快乐。

婚姻，离不开柴米油盐的琐碎经营，但同时也需要花前月下的浪漫。

一个善于规划、懂得积累财富的伴侣，会让家庭的根基更牢固，未来更有保障；一个善于享受、热衷于营造仪式感的伴侣，则能让日子变得更加有趣且充满松弛感。

我们当然希望每个人都能找到自己的默契爱人，但如果没有，就需要和当下的伴侣相互理解，彼此磨合，努力找到金钱与爱情天平上的微妙平衡，让婚姻既稳固又甜蜜。

5.4 收入不稳定的伴侣，是否值得你赌上未来？

假如你的伴侣月入数百万元，你觉得这是好事吗？

很多人认为，找到一个条件不错的伴侣是件好事，因为自己从此就能衣食无忧了。殊不知，高收益的背后，伴随着高投入和高风险。

尤其是创业者，他们中的大多数都是“冒险家”型的金钱人格，他们爱进取、爱拼事业，但是他们的事业并不稳定，有波峰，有波谷，也会有破产的风险。这对于追求安全感和家庭稳定的女生而言，可不是一件好事。还有一部分伴侣，他们是潜力股，他们当下可能还一无所有，但他们想冒险。一旦成功了将收获颇丰；失败了，则依然一无所有。你愿意花费时光来赌自己的未来吗？你能在伴侣处于低谷时期不离不弃吗？

01

在分析上述问题之前，我们先来拆解一下“冒险家”型金钱人格这类人的特点。《谈钱不伤感情》中提到，“冒险家”考虑和处理金钱问题的独特方式：

- 在投资或大额消费时，更关注潜在的高回报和刺激感，不太在意风险。
- 对细节关注度较低，只要听到一点消息或有了新的想法就会迅速行动。

- 享受冒险投资所带来的心跳加速的感觉，追求有挑战性和刺激性的生活。
- 愿意承担较大的风险来满足自己的冒险欲望。
- 投资成功时会异常兴奋，失败也不会过于沮丧，只视为一次经验教训。

显然，“冒险家”将金钱视为获得刺激和冒险体验的工具，他们渴望通过大胆的投资或消费行为来获得与众不同的经历和感受。相对来说，他们不太担心高风险。

埃隆·马斯克就是典型的“冒险家”，他毫不犹豫地将自己的全部身家押注在电动汽车和太空探索这些看似遥不可及的梦想上。他不断投入资金用于研发、生产和市场拓展，这样的投资甚至让他一度濒临破产。换作旁人可能早就放弃了，但他却越挫越勇。在经历了无数次“冒险”之后，特斯拉成为全球最具价值的汽车品牌之一，而可重复使用火箭技术也取得了重大突破，为人类未来的星际旅行带来了希望。

我们很崇拜这类勇于探索、不惧风险的人，更惊叹于他们这样刺激而丰富的人生经历。

然而，我们必须承认，“冒险家”难以给家庭带来持续的安全感和稳定感。也正因如此，是否找这种金钱人格的人作伴侣，成了令很多女生左右为难的事情。

02

我的一位用户就遇到了这样的难题。她的男朋友虽然没有马斯克那么传奇，但冒险的劲头是一模一样的。大学期间，男朋友就多次创业，带着她在校园里摆过摊，去学生宿舍兜售过各种商品。学生时期因为没什么经济压力，男朋友即赚即花，所以二人在校期间享受了不少快乐时光。

毕业后，男朋友从事金融领域的工作，而她选了份稳定的工作。女生本意是让男朋友安心拼事业，而她做好家庭的后勤保障工作，但令她没想到的是，男朋友会那么“冒险”，工作才三个月，他就开始出资与几个同学合伙开酒吧和民宿，结果折腾半年多，亏损严重。

她很耐心地劝男朋友不要那么激进，毕竟，她认为毕业后能进入金融行业已经很了不起了。她甚至向男友表态：“我爱的是你这个人，只要和你在一起，多苦的日子我都不怕。我不在乎你赚多少钱，我只要你好好的。”然而，男友不但不感动，还一点儿都不听劝，即便女生强烈反对，他还是决绝地辞了职，并且向亲戚朋友借了钱做起了投资。

木已成舟，女生也没办法。她只能陪着男朋友在跌宕起伏的创业路上前行。在这期间，男朋友也赚到过一些钱。最好的时候，男朋友也买了好几套房子，但很快，男朋友又把这些房子拿出去抵押。她虽然会指责并反对，但依然阻止不了什么。

对于她和男朋友的这段感情，她的父母一直是反对的。在老人看来，女儿嫁个有安稳工作的人比什么都有保障，但女生非常爱男朋友，很坚定地想要和他走进婚姻。

令她意外的是，男朋友反而迟疑不决，甚至说了句很令人伤心的话："我现在创业很累、很辛苦，暂时不考虑结婚。而且我想找一个无条件支持我的人结婚，但你从来都不支持我，不管我做什么事情你都反对。"

听到男朋友的这番话，她只觉得内心被重重捶击。和男朋友在一起这么多年，她为其分担了数不清的风险与压力，未曾想在男朋友眼中，这些付出竟似从未存在过，自己依然被视作那个不支持他的人。

我非常理解女生的感受。她其实是一个追求安稳生活的女孩，没期待伴侣成就多大的事业、赚多少钱。在她内心深处，她并不赞同男朋友冒险创业，但因为爱，她不顾内心的纠结与担忧，始终如一地陪伴在男朋友身旁。

可问题是，她的"冒险家"男朋友在意的，也恰恰是这一点。

在他的情感需求里，他需要的是"能够给予他无条件的信任、坚定不移的支持、源源不断的鼓励以及发自内心的崇拜"的人。

03

爱情本来就不是一件容易的事情。如果伴侣属于把财富和精力都投入到某一领域的“冒险家”，那相处就会倍加艰辛。和“冒险家”类型的人结婚，确实需要做好全方位、多层次的准备。

（1）拥有稳定工作，做好随时为对方兜底的准备。

“冒险家”类型的人资金状况极不稳定，起伏是常态，极有可能在某个时期遭遇重大挫折从而陷入财务困境。因此，作为“冒险家”的伴侣，拥有一份稳定的工作极其重要。

比如，当“冒险家”的项目面临资金链断裂，无法支付家庭开销，甚至还要拿家庭储蓄去贴补项目时，伴侣的稳定收入就显得尤其可贵，因为这至少可以确保房贷、车贷及其他生活费用得以支付，能确保家庭生活的正常运转。这不仅能减轻“冒险家”处于困境时的心理负担，让他能够更加专注地应对事业上的挑战，同时也能在一定程度上增强女性自身在家庭中的话语权和自信心，使双方在面对困难时能够更加平等地沟通与协作。

（2）低谷时不离不弃，永远激励对方。

冒险之路充满坎坷与挫折，“冒险家”必然会经历低谷期，和这样的伴侣在一起，压力非常大，不但要同甘共苦，还要有足够的心力给予对方持续信任、鼓励和支持。

我的一个朋友，他的公司在发展高峰期有 400 多人，年营收超过 4 亿元。他在创业最艰难的时候认识了现在的妻子，那段时期，他的公司在资金链上遭遇了巨大的危机，他险些崩溃自杀。当时，她（现在的妻子）对他不离不弃，一直鼓励他：

“我知道你当下很艰难，但有我在，你放心冲，其他的事情通通交给我。”就是因为这句话，他坚持了下来，也才有了后来的东山再起。对于“冒险家”型的男人来说，他们需要在他们顶不住风险的时候，给他们精神上的支持的伴侣。

（3）拥有清晰的判断力和坚定的信念，相信对方一定会成功。

从一开始就相信这个人拥有成功潜力，是和“冒险家”型人相处的重要前提。

如果伴侣在内心深处对“冒险家”型人的事业之路持怀疑态度，那么在面对后续遇到困难和挑战时，就很难做到为其兜底，以及给予持续的信任和支持，很容易两败俱伤。

这种初始的信念源于对“冒险家”个人品质、能力、智慧和决心的综合判断。我采访过很多事业有成的企业家背后的另一半，请她们分析丈夫成功的原因。她们的答案很一致：“他有人品、有实力，更重要的是，他从来不慌，也不觉得创业辛苦，也不把困难当困难，遇到问题就解决问题。”

山海辽阔，你是否有勇气陪他迈向顶峰？又是否有能量陪他度过低谷？

这是进入婚姻前需要好好思考的问题。

5.5 如何掌握家庭“财政大权”？

如果说5种金钱人格中，“消费狂”与“省钱王”的组合是亲密关系里最不合适的搭配，那“求稳者”和“随性者”的组合绝对是婚姻中的“黄金搭档”。

01

我们来看《谈钱不伤感情》书里对“求稳者”思考和处理金钱问题的定义：

- **追求稳定和安全。**
- **在进行任何消费或投资之前，都会进行充分的调查和研究。**
- **注重产品或项目的稳定性和可靠性。**
- **在面临财务风险时会感到不安和担忧。**

简单来说，他们会通过做好谨慎的决策和充分的准备来保障自己的金钱得到合理的运用，避免因冲动或不谨慎的消费、投资行为而增加财务风险。他们更倾向于选择稳健、可靠的方式来管理和使用金钱。

我自己就是典型的“求稳者”金钱人格。

比如，我先生给我买了两台规格极高的手机做直播工具，而我会给它们配某多多19.9元包邮的手机壳。同事们看到都觉得不可思议，而我却觉得没什么。我认为19.9元的手机壳质量也挺好，用起来和贵的手机壳没什么区别。然而，我和“省钱王”完全不一样，我并不抠门，只是花钱时更求稳定和安全。

我在工作上也非常精打细算。我是个博主，相机、镜头等设备是少不了的，也经常更换。每次有设备闲置，我都会马上找同事帮我挂到二手市场出售。

如果我这个“求稳者”，在婚姻里遇到的是“省钱王”，那我们两人的家庭资产肯定会增值，但我们的生活肯定也会过得比较辛苦，因为我们都是只懂得赚钱和省钱的人，不太懂得享受生活，也不太注意生活品质。

幸运的是，我先生是典型的“随性者”金钱人格——“求稳者”的黄金搭档。

02

“随性者”在思考和处理金钱问题方面有如下特征：

- **对金钱态度随意，有钱没钱都不焦虑。**
- **不刻意做金钱规划，花钱全凭感觉。**
- **认为在金钱上花费过多精力不值。**
- **不会过多考虑价格、实用性，仅凭当下心情决定。**
- **对金钱的得失较为淡定，不会因金钱问题产生过于强烈的情绪波动。**

像我先生，就是“随性者”，虽然他是一个高考数学考了140多分的“学霸”，但他却一点儿都不喜欢算账。他是一家创新技术公司的首席执行官，但公司的账，他从来都只看大数，对于小账目，他从来不管。管理公司如此，生活中也如此。自从他创业有了起色，身边时不时就冒出一些找他借钱的“老朋友”。在他看来，借钱本质上和把钱送人没什么区别。他的个性决定了他不会主动去要债。因此，他干脆创造了一种特别的应对方式：别人找他借钱，他会在借钱数额上“砍一刀”，然后直接把钱送给对方。这样一来，对方很开心，他自己也觉得可以避免陷入不喜欢的关系，一身清爽。

对他而言，金钱就是一种帮助他获取生活便捷的工具，在他的观念中，最重要的是精力和时间，只要能把问题解决，花钱就是值当的。虽然有时候我并不赞同他的做法，但是我非常理解他，因为“随性者”就是如此，他们不太在意金钱数量的增减，也没有长期的财务规划，他们更看重生活的体验和情感的交流，只要钱能解决的问题就不是问题，更不会因为金钱影响情绪。

这种洒脱和随性，在一定程度上会给家庭和个人的财务状况带来一些不确定性。当然，有弊就有利，这样的性格也能为生活增添丰富的色彩。和这类人生活在一起，确实能享受到当下的快乐。

03

有非常多用户询问过我：“Mu 姐，你究竟是如何拿到家庭‘财政大权’的？”

准确来说，与其说我是“财政大权”在手，不如说是我先生放心把财务交给我来打理罢了，本质上都属于夫妻共同财产。而他之所以能放心交给我，其一是他相信我的发心和人品，其二是“随性者”需要有一个人来帮他管这些他懒得管的事儿，而作为“求稳者”的我，恰好就对财政配置非常感兴趣又在行。

不得不说，“求稳者”和“随性者”是家庭财务增值的优质搭档。

首先，“求稳者”的精细管理能够确保家庭财富的有效积累与保值增值。

这一类金钱人格的人会制订详细的家庭预算计划，合理分配各项支出，如房贷、车贷、子女教育费用等，避免家庭陷入财务困境。在投资方面，“求稳者”会倾向于选择风险较低、收益相对稳定的理财产品或投资项目，如定期存款、债券基金等，以保障家庭资产的安全。

而“随性者”由于缺乏对金钱的精细规划与风险意识，如果掌管“财政大权”，就有可能做出高风险的投资决策，从而给家庭的财富带来一定损失。

其次，对于“求稳者”来说，“随性者”的存在为原本略显单调的生活带来了许多意想不到的惊喜与乐趣。

“随性者”洒脱且不拘小节，能够帮助“求稳者”放松心情，从繁忙的财务规划与精细管理中暂时解脱出来，去体验生活中的美好与激情。

比如，我先生会突然带我去参加一场浪漫的户外音乐节，或者来一场说走就走的旅行。他还会在我去外地录制节目的时候刻意调整行程，并带我去当地漫步，让我在忙碌的工作中感受到生活的多彩和活力。

最后，为什么我和老先生在各方面都这么合拍？本质上就是因为规划。规划让我找到了自己的人生合伙人，也因此在一定程度上改变了我的人生。

这也是我不断在书里重复的观点：工作和事业需要规划，爱情和婚姻更需要规划。

5.6 想要亲密关系稳稳当当，“共创”思维很重要

很多人会担心：如果我在婚姻里遇见了最不合适的金钱人格的伴侣，该怎么办？事实上，金钱人格和性格、原生家庭、工作等外在因素是一样的，在某种程度上，它会给我们的婚姻带来一定的影响，但并不是本质上的影响。如果我们能始终以“共创”思维经营婚姻，亲密关系是一定能稳稳当当的。

01

请大家在婚前就用“共创”思维寻找与自己金钱人格相匹配的人。

在婚前明确对方对待金钱的态度、消费习惯以及理财观念真的能提升婚姻的幸福度。比如，若一方是极度热爱冒险的“冒险家”，而另一方是挥金如土的“消费狂”，那在未来的生活中，两个人极有可能因为金钱问题产生激烈的冲突。不如通过婚前的细致观察与坦诚交流，判断双方金钱人格是否匹配，做好防范。

怎么判断呢？

其实很简单：多看看对方做什么，怎么做。

比如我的一位用户，她在同一阶段遇到了两个追求者。两个追求者条件相当，外在条件看起来都不错。她很困扰，特意来请教我：“怎么能快速判断出谁更适合呢？”

我告诉她：“约会的时候，你留意一下两个人的用钱方式。”

结果，两个人的对比还是很明显的。其中一个非常有付出意识，每次约会最在意的就是“开心”，花钱挺大手大脚的，但凡女生喜欢的，他几乎不问价钱二话不说就买下来送给她。

相比之下，另外一个就显得比较抠门。二人出去吃饭，男生从来不注重场地或者仪式感，唯一的选择标准就是——是否有优惠套餐。最令姑娘无奈的一次是，有一回，他们计划去看电影，明明 500 米内就有一家电影院，但男生硬是在网上对比了多家电影院的票价后，选了一家更远但更便宜的电影院。她一问，一张票也就便宜了 5 元钱。

这样一对比，两个男生的金钱人格就很明显地显露出来了。一个大概率是“随性者”，一个则是典型的“省钱王”。如果其他条件相当的话，女生还是可以用“共创”思维来做出选择：

选择“随性者”，婚后用钱自由度高，但攒下家庭资产就变得很难；选择“省钱王”，婚后拥有可靠的风险兜底人，但肯定不能享受高质量的生活。

此选择没有对错，就看你怎么规划自己的人生和婚姻，怎么定义自己的人生合伙人。找到金钱人格相匹配的伴侣，规划出合适的相处方式，并提前预知可能面临的挑战，进入婚姻后你就会更加轻松。

一般来说，越早判断出伴侣间在“金钱人格”上的契合度，就越能为未来的婚姻提供坚实的基础。

02

肯定有人会担心：我已经结婚了，现在才发现伴侣的金钱人格与我不匹配，我该怎么办？

实话说，一旦进入婚姻，我们就需要有人生合伙人的义气。这就需要我们具备“共创”思维，与伴侣齐心协力，把家庭维系好。

即便伴侣是最不合适的“省钱王”和“消费狂”型人，但只要两人相爱，愿意为爱适当地调整自己，接受爱人的些许影响，就能够找到平衡点，收获婚姻幸福。

反之，如果夫妻不同心，即便其中的一个人能力很大、很努力，从婚姻整体性角度来说，婚姻也会存在“分歧”所带来的经济风险和法律责任。

我曾经遇到过这样一个用户，她特意来找我求助：“怎样才能让丈夫把家里的‘财政大权’交给我呢？”她说，她认识她先生的时候，自己年轻、漂亮还是头婚，但她先生离异还带着个女儿，她想不明白这么好条件的自己嫁给对方，对方为什么就不愿意给她花钱。并且，她先生家境很不错，她不明白为什么需要 AA 制。

她因为这件事跟对方吵过很多次，但对方坚持 AA 制。

这让她非常生气，也很无助。

我问她：“你们生自己的孩子了吗？”

她的回答让我很诧异：“他不把钱交给我管，我就不给他生孩子。”

然而，在我的追问下，她吐露了真相。原来，她一直不愿意接纳继女，想让丈夫把继女送去前妻处，但她的丈夫非常疼爱女儿，一直把女儿护在自己家里。

问题一目了然了，丈夫之所以和女生实行 AA 制，是因为女生和他不是一条心，他当然不敢把“财政大权”交出去。

这本质上是思维问题。

事实上，女生嫁给丈夫意味着嫁给了这个男人背后的家庭，他的父母、子女、前妻，这些社会关系都是一个整体，是需要夫妻共同面对的。而案例中的女生嫁给了二婚丈夫就应该夫妻同心，照顾好继女。

03

我身边的有“共创”思维的夫妻基本上都生活得很好，夫妻都事业有成，家庭资产也逐渐增值，感情也因此而愈发深厚。

像我的一个博主朋友，她全网粉丝数量已经过百万了。我以前一直以为她是单打独斗，后来有一回和她交流，才了解到她是夫妻合伙创业。她形象好，有活力，专门负责出镜、拍摄等一切幕前工作，而她先生则负责资源对接、团队管理、账号管理等一切幕后工作。成为彼此靠谱的后方，各自发挥优势往前冲的夫妻，事业自然能够逆袭。

创业者都知道，再厉害的人也无法面面俱到，很多工作必须分给专业且靠谱的人。

因此，如果夫妻能拥有“共创”思维，人生与婚姻均是合伙人，自然就皆大欢喜。

当然，我并不是说夫妻一定要参与彼此的事业。我提出的“共创”更多的指认知方面——夫妻一定要意识到，进入婚姻，我就不再只是“我”，“我”和“你”需要融合成“我们”。婚姻如同一家公司，你 + 我 = 我们，并肩作战的人生合伙人应该有仗一起打，有福一起享。

第6章

清醒婚嫁：
爱情需要博弈，主动的人更幸福

6.1 伴侣不着急结婚怎么办?

尽管我们一直强调男女平等，但不可否认的是，在婚恋市场，女性处于劣势。

最显著的一点在于，大部分女生谈恋爱都是以结婚为目的的，而大部分男生却并不急于结婚，甚至会采用“不主动、能拖则拖”的态度来对待恋爱。

我身边有好几对拥有三年以上恋爱长跑经历的情侣，他们都有一个共同的特点，那就是男方得过且过，从不主动推进婚姻，甚至一提到结婚就找各种借口躲避。后来，在我的助力下，有些姑娘成功结婚，结束“恋爱长跑”进入婚姻，有些姑娘则终于放下执念，及时止损。

为何相爱多年，有些男生却不着急结婚呢?

01

首先，是因为女性大多有年龄焦虑，而男性少有年龄焦虑。

西蒙娜·德·波伏娃（Simone de Beauvoir）在《第二性》（*The Second Sex*）中表达了这样的观点：在男权社会文化背景下，女性的价值常常被简单地与青春美貌和生育能力画等号。

从进化心理学角度来看，男性在繁衍后代方面的成本相对较低，没有女性因年龄增长而导致生育能力下降的紧迫感，自然在婚姻决策上不那么着急。此外，和女性相比，男性心智成熟更晚，会畏惧婚姻里需要承担的责任。

在传统观念里，女性在婚姻中可以获得经济、情感以及社会地位等多方面的支持，但对于男性来说，结婚更多地意味着责任。从经济方面来看，男性需要承担家庭的主要开支，包括房贷、车贷、孩子的教育费用等。从情感和家庭事务管理方面，他们需要承担丈夫和父亲的角色，处理家庭关系中的多种矛盾。

这种从“个人自由”到“家庭承担”的转变，使部分男性在面对婚姻时产生恐婚心理。《男人来自火星，女人来自金星》（*Men Are from Mars, Women Are from Venus*）一书里把男性的恐婚心态描述得很形象：“男人需要‘洞穴时间’，当他们面临压力或遇到问题时，会选择独自回到自己的‘洞穴’中，通过独处、思考或从事自己喜欢的活动来恢复精力和解决问题。而婚姻可能会被他们视为对这种‘洞穴时间’的侵犯，使他们无法自由地进入自己的独立空间。”

其次，男性的成就感主要源于事业上的成功，他们希望在工作中证明自己的能力和价值，因此倾向于在事业相对稳定或取得一定成就后再进入婚姻。

最后，当一个男性在事业上取得一定成绩时，大众不但不认为他是“大龄剩男”，反而会认为他是“钻石王老五”，并且在婚恋市场上越“老”越吃香。权衡利弊之下，男性晚婚优势更大，自然不急于推进婚姻。

02

我有个女性用户，她大学一年级开始和同班一个同学谈恋爱，感情一直很稳定。大学毕业后，她留校并继续攻读研究生，男朋友则由家里人帮忙介绍了一份工作，去了另一个超一线城市。

庆幸的是，两人感情深厚，没有因为“异地恋”影响关系。研究生毕业后，她直接去了男友所在的超一线城市，也找了一份稳定的工作。两人至此正式开始同居。

可以说，相恋 8 年，是时候步入婚姻了。

然而奇怪的是，虽然她男朋友很爱她，日常也很体贴，但他从来不提结婚的事情。有时候，女生主动催婚催得急了，他就埋着头，翻来覆去说一套话术。他觉得自己还没把事业做成，没车没房没法结婚。就这样，两人拖拖拉拉又过了一年，两人都快 30 岁了。女生实在受不了，找到我请教：“Mu 姐，我相信他是爱我的，可我实在不了解他的想法。我说过我不在乎房子车子，可他就是不提结婚。我们都在一起这么久了，他难道是在骑驴找马吗？他到底为什么不结婚呢？”

经过仔细询问，我确认男方是爱她的，双方也是真心奔着婚姻去的。那为什么男方一提到结婚就逃避呢？

因为他没有生育焦虑、事业又未成，也不想花父母的钱结婚。他似乎还是“小男孩心态”，总觉得自己还年轻，可以再等一等，等自己功成名就了，再给爱人一个盛大的婚礼，但“长跑”对于女性来说，风险极大，成本极高。

我的观点一向很明确。

在婚恋市场中，女性的时间太宝贵，女生一定要有紧迫感。

18~30 岁以下的女生可以单纯地享受爱情，享受恋爱中的悸动、迷惘和山盟海誓的起承转合。

然而，30 岁以上女生要把自己的“一天”当成“一个月”来用。

一旦确认对方值得推进，就必须快、狠、准地确认关系。

当然，如果发现对方不适合结婚，也一定要有魄力，及时从错误关系里抽身，不要把自己的宝贵时间浪费在左右为难和犹豫不决里，赶紧去寻找下一段幸福。

在我的指导下，我那位用户——恋爱长跑 8 年的 28 岁姑娘终于决绝地给男友下了“通牒”：

3 个月内，如果不能结婚就分手。

面对恋爱长跑，必须给出“止损日期”。

用“止损日期”测试男方是否真心想和你走下去。

很快，男方迅速组织双方父母见面，女方父母也很通情达理，象征性地收了些彩礼，又回赠给女生。男生父母凑钱在超一线城市把婚房置办了。婚后一年，姑娘怀孕生子，而她先生的事业也蒸蒸日上。婚后三年小两口置办了车子、房子，一家三口很幸福。

03

很多姑娘会犹豫："如果女方在感情上太主动，会不会失去体面、身份掉价，好像恨嫁似的。"

大家一定要丢掉这种心态。

传统的婚姻模式是由父母、男性主导，策划求婚、筹备婚礼等一系列事宜，而女性更多地处于被动状态。随着时代的发展，这种模式正在逐渐发生改变。如今，女性在经济和思想上都更加独立，不再将婚姻视为唯一的归宿。如果女性意识到婚姻对自己的重要性，**确认对方是对的人，那我就非常鼓励女性快、狠、准地主动出击。**

像我和我先生，我们恋爱两个多月就进入了谈婚论嫁阶段，这完全是因为我快、狠、准地主动推进这段关系。那时候，我们刚谈恋爱，如胶似漆，他去哪里都带着我。有一次，他带我去参加他朋友的聚会，闲聊时，他开玩笑地问："我们结婚，去三亚还是巴厘岛办婚礼呢？"

我敏锐地捕捉到了这个信息，顺势回应：

"疫情期间出国不方便，我们去三亚办婚礼吧。那你是不是要先向我求婚呢？"其实我是想着去巴厘岛比去三亚麻烦，而我想赶紧把结婚这件事给确定下来。

其实当时那种氛围，大家都觉得我们是在开玩笑。他顺势把喝着的易拉罐饮料的拉环拿了下来，当作戒指给我戴上。我自然也顺势开玩笑："那你要单膝跪地向我求婚哟。"

当时的氛围轻松愉悦且毫无拘束，他果真单膝跪地，将那枚易拉环戒指戴在我的手指上。

我欣然答应。

他当然很爱我，但说实话，当时我们恋爱才两个多月，他压根没有思考过结婚的事情。可我非常清楚自己的心意，也很清楚他就是我要找的对的人。因此，我很认真地推进："那我们什么时候举办婚礼呢？"

他当时还嘻嘻哈哈，以为我们只是在闲聊。

我主动加快节奏："现在是1月，你的生日在6月，那我们就选你生日那天在三亚举办婚礼吧。还有5个多月的时间做准备，时间刚好。"

他说好，但其实他根本没当真。当时那种场景、氛围，上述举动就是每一对恋人情到浓时的爱意体现，但我积极主动地抓住并推进这次机会。一两天后，我把大数据推送给我的"婚纱照广告信息"发给他，他回应说："那你去看看吧。"

我没有一点犹豫，也从来没纠结要他来操办这些事。

确认喜欢的婚纱服务后，我迅速下单付款，预约时间，直接带着他去拍了照。婚纱照都拍了，见家长、筹备婚礼，自然就顺理成章地排上了日程。

非常有趣的是，之后有一次，我先生和我谈起当时的状态，感叹道："当时我整个人都是蒙的，稀里糊涂地就和你去拍了婚纱照。现在我才反应过来，你是在推进节奏啊。"

我笑："那你说，你是不是娶到宝了？"

然后我们就笑作一团。

04

我的个性一向如此。**一旦笃定，就毫不犹豫地付诸行动。**

人生在世，切忌左右为难、迟疑犹豫，尤其是遇到对的人、好的工作、优质的资源时，一定要积极主动。

当然，有的女生可能会问："Mu 姐，你是怎么确定他就是对的人呢？"

这和我的婚姻规划有关。

我非常清楚我想要找一个怎样的婚姻合伙人，自然在一开始时就"对标"着寻找。

我和我先生认识时，我正处于人生低谷。那时候，我处于创业初期，连续数月都没有进账，是我最身心俱疲和迷茫无措的时候。他看我辛苦，主动提出要给我帮助。

当时我们并没有确认恋爱关系。

我暗自思忖：他能怎么帮我呢？带着些许试探的意味，我回应道："行啊，那你养我呗。"令我大为诧异的是，他即刻向我转来了一笔 7 位数的款项，让我心无旁骛地安心创业。

那一刻，我很震惊："你就不怕我携款而逃？"他平静地说："不怕，我说过，我要找个放心的女人，我觉得你就是。如果钱都不能托付，如何托付终身？"

我当然非常感动，并且我确认他是个非常有付出意识的人。

后来，我也观察过他对朋友和同事的态度，确认他人品端正、心怀善意。因此，即便当时我们并没有见过家长，但对我来说，我已经确定了他这个人，其他一切外在因素都不会影响我的选择。

因此，我才如此积极地推进这段关系。5 月安排双方家长见面，6 月飞到三亚办婚礼。我记得非常清楚，婚礼前一天，我很兴奋，但他却落寞地坐在房间，很难过的样子。我问他怎么了，他说："感觉结了婚就要告别过去的自由状态。"

直至婚礼那天，他才进入状态，整个人被浓烈的情感所包裹。他激动地流下眼泪，讲了一段很感动的誓言。其中一句我记得很清楚："我会做你的英雄，护你一生安稳。"

你看，即便是看我的照片对我一见钟情的男人，也是忐忑着进入婚姻的。

我先生未必不成熟，但他是一个谨慎且理智的人，如果不是我雷厉风行地推进这段关系，可能结婚就会是一个漫长的过程。

可进入婚姻后，我们才意识到彼此是多么对的人，我们的婚姻是多么的美好和幸福。

因此，别站在婚姻的十字路口犹豫徘徊，只要笃定对方是对的人，那就勇敢地推进这段关系，积极地去拥抱自己的爱情和缘分。

6.2 不被父母祝福的婚姻如何寻得幸福?

“有情人终成眷属”是一句很浪漫也很难得的情话，毕竟不是所有牵过手的人都有机会携手到白头。

尤其是有些情侣在跨越婚姻这一关键门槛前，极有可能遭遇极为棘手的阻碍——不被父母祝福。

这种困境就像唐僧取经，明明经历了九九八十一难，眼见幸福就到眼前，却有种功亏一篑的无奈感。不被父母祝福的婚姻，有机会修成正果获得幸福吗?

01

婚姻，从本质上来说，是两个人基于爱情与承诺而形成的契约关系。

婚姻让两个人离开了旧有的家庭，创造了属于自己的新的家庭。

因此，小夫妻作为婚姻的主角，他们对彼此的感情有着最直接、最深刻的体验，在心智成熟且经济独立的情况下，他们理所应当拥有最大的发言权和决定权。

特别值得注意的是以下两点：

（1）心智成熟。

（2）经济独立。

随着时代的发展，大众越来越强调个体的独立与自由，每个人都有追求自己的幸福的权利。如果年轻人不但能在经济上实现自给自足，还能逐渐替代父母成为“新家长”，承担起整个家庭的责任和义务，那么他们在婚姻对象的选择上，应该拥有更大的自主权。在这种前提下，他们的婚姻是有机会被父母祝福的。

比如，在一些大城市，许多年轻人通过自己的努力和打拼，拥有了稳定的事业和收入，他们在选择伴侣时，可能会更注重两个人的心灵契合与情感共鸣。如果父母仅仅因为家庭背景、外在条件等因素否定他们的感情，这无疑是对年轻人自主权利的侵犯，即便是晚辈，也可以为自己的婚姻幸福据理力争。

当然，这并不意味着年轻人可以不考虑父母的意见，而是说，父母的人生阅历丰富，他们能从过来人的身份给年轻人一些建议，但最终决定权在年轻人自己手上。毕竟，日子是自己的，和伴侣共度一生的不是父母。

事实上，大部分父母都很愿意看到自家的孩子能独立成长。尤其在看到自家孩子因为结婚而成为更好的人的时候，他们更是欣慰的。

02

值得一提的是，很多时候，当一方声称父母不同意这段婚姻时，这背后可能隐藏着更深层次的关系危机。因为在一段健康的恋爱关系中，如果双方都坚定地想要步入婚姻殿堂，那么他们会共同努力去克服来自外界的阻力，包括父母的反对。如果对方以“父母不同意”为由拒绝结婚，那么更大的可能是两个人的关系出现了问题。

前不久，我接到一位用户的求助。女生 30 岁，和男朋友相处了快 3 年的时间，双方家长都知道他们的恋情，女生本以为结婚是水到渠成的事情。

没承想，到谈婚论嫁的时候，男方说：“我妈不同意我们结婚，除非你家和我家一起出资在一线城市买房。”

问题是，女生家境一般，确实没办法拿出那么多钱来支持。然而，女方家非常讲道理，经过商量，他们表态可以不要彩礼，也可以不买房就结婚。女生愿意和男生先住公租房，不给父母添负担，自己努力打拼赚钱买房。

虽然女方家很体谅对方家庭，但男方父母坚决不退让。问及原因，男方转述：“我妈说没钱买房就不能结婚。我父母觉得你的家庭和职业，决定了你以后没办法成为我的助力。”

我直接问姑娘重点问题：“你男朋友自己怎么说？”

姑娘回复：“他一直说很爱我，但是他也没有帮我去说服他爸妈，都是我自己在努力。”

听到这样的回答，我直接建议女生提分手。

在我看来，这件事情的核心在于男友的态度。

身为男友，理应展现出担当。显然，他对女友的感情并没有深厚到让他去与父母据理力争。倘若他真的珍视这段感情，他就应当积极主动地去解决问题，而非以父母的拒绝为借口，对女友的艰难处境视而不见。

女生表示自己难以割舍这段长达 3 年的感情，这是人之常情，但我们必须清醒地认识到，问题的关键是男方的态度暴露了其在这段关系中的责任感缺失。

我们不妨设想一下，即便结婚，日后他们一旦遭遇经济困境，或者女生家中出现突发状况，如父母生病急需用钱……以男方目前的态度，他是否会毫不犹豫伸出援手，给予姑娘及其家庭必要的支持与帮助呢？

与其说，是男方父母不同意他们在一起，不如说，是男方自己认为女生的家庭及职业无法在其事业发展上提供助力，而起了分手的念头。

他所谓的“父母不同意”，不过是他用来逃避婚姻承诺的挡箭牌。

想到被男方耽误的 3 年时光，任何人都会觉得委屈与气愤，但好在，对方的真实面貌在婚前就被看清了，女生也因此避免了自己整个人生的沦陷。有时候，“不被父母祝福”或许是帮我们审视亲密关系的“试金石”。

03

2025 年 4 月 9 日，国务院公布了新修订的《婚姻登记条例》。

根据条例内容，引起人们关注的是：未来结婚登记不再需要出具户口簿。这有助于简化流程，倡导婚姻自由，加强信息化建设，提升服务质量与效率，保障当事人权益。

从修订情况看，结婚更重要的是两个“人”本身的意愿。

当然，这并不是说，我们不再将父母（户主）的建议权和参与权考虑在内。

我认为，不需要户口本就能登记结婚的政策调整，代表的是社会对“独立个体”的支持，鼓励更多年轻人从“依赖父母”的状态中走出来，成熟地应对自己的人生、婚姻，成熟地处理小家庭和父母家庭的关系，并且接受父母的祝福，也坦然应对“父母的不祝福”。

如果情侣之间情比金坚，那不管“父母的不祝福”是出于担心还是执念，情侣需要做的就是更加努力，互相理解、互相支持、互相包容，创造出属于自己的幸福小天地，提升自己的核心竞争力，让父母看到自己因为“对的人”而变得更好，从而获得父母的祝福。

6.3 谈婚论嫁，比彩礼更重要的是……

有情人终成眷属前，两个人的爱情会变成两个家庭的大事，也就不可避免地谈及“彩礼”。

其实在古代，婚姻遵循“六礼”，彩礼作为“纳征”环节，是整个婚姻程序的关键步骤，只有完成这一环节，婚姻才被认为是完全成立的。

然而，现在，我们会发现，彩礼逐渐变成了一个很敏感的词。

婆家担心女方家狮子大开口，女方家担心男方家长一点都不重视，甚至有不少“有情人”因为没有谈妥彩礼而分道扬镳，甚至成为仇人。

这就违背了彩礼的初衷。

01

我有一位用户，她是个 29 岁的姑娘，生活在一线城市，在体制内工作。她有个谈了 3 年的男朋友，他和女生同龄，经济条件比她略好一些，不过有过一段婚史还带着小孩。

两人是奔着结婚去的，双方家长见了面后都挺认可这段关系，但问题就出在彩礼上。

男方提出年底可以先领证，但彩礼和其他置办要等到新的一年。

这让女方非常困扰，一方面，她觉得都恋爱 3 年了，年初家长都见面同意了，怎么还要等到年底，这个进程真的太慢了。另一方面，她怀疑男朋友以“钱投资用了，一时拿不出来”为借口，目的就是不想给自己彩礼。证都领了，彩礼先欠着，这总让人感觉不舒服……女生对彩礼还是有明确期待的，希望对方能给自己 38 万元的礼金。

以她对男方家庭的了解，她觉得对方拿这笔礼金并不困难。

这个过程中，她身边有不少过来人强烈建议她一定要多要点彩礼，只有这样婚后才不会吃亏。然而，也有年轻朋友觉得反正都要结婚，没必要因为几十万元的彩礼闹矛盾。她自己也很迷茫，不知道该如何处理这件事。因此特意来问我："Mu 姐，你怎么看待彩礼？能给我些意见吗？"

以下是我的看法：

（1）谈婚论嫁有一个前提，那就是你们互相确定彼此就是对的人，是彼此的人生合伙人。

（2）在"对的人"的前提下，彩礼和嫁妆本质上就是双方父母对小夫妻"心意上的表达"，双方的责任感和诚心比具体的数字更重要。就像长辈给过年红包，心意比数额更重要。

（3）有不少人把彩礼当作资源置换，甚至是生育补偿。女方讨价还价，在彩礼数额上和男方争吵，甚至放话不给就不结婚。**我当然理解有些人希望通过彩礼获得安全感的心情，期待被重视和获得未来保障的心理，但如果因为彩礼问题互不退让，导致婚前闹僵，真的就得不偿失。**

（4）对自己的生存越有底气，对关系有足够安全感的人，越不依赖对方的彩礼和嫁妆。小夫妻婚后共同创造的价值远远大于彩礼和嫁妆本身。结婚就是让彼此拥有最靠谱的人生合伙人。

02

结合以上 4 点，我认为，比起要多少彩礼，更重要的问题应该是：

（1）你自己对这段关系是否有足够的安全感？

（2）你是否能和男方坦诚地沟通，共同解决问题？

通过上述两个问题，可以先确认自己的心意：你未来的安全感和保障是否一定要通过彩礼来实现？或者说你认为你未来的安全感和保障应该通过什么方式来体现。其次，在婚前通过和男方沟通彩礼一事，判断我们在遇到事情的时候，是否能和男方有商有量，共同应对。

因此，与其困扰为何男方要婚后给彩礼，不如开诚布公地和男方谈谈推迟给彩礼背后的原因。女生可以直接和男方表明，自己是独生女并且是头婚，自己的父母希望能体体面面地按流程来谈婚论嫁。至于彩礼到底是多少，双方可以商量着来。

最重要的是，如果两人已经相处 3 年，那么双方应该能进行实打实的沟通。如果男方有苦衷，那么一切都可以商量。只要确定男方一片真心，婚后夫妻同心，能好好过日子，那比什么都强；如果有其他原因，那么女方也可早做打算。

总之，和对的人谈婚论嫁，数字不是问题，心意才是重点。和不对的人谈婚论嫁，彩礼或许可以成为确认有情人是否有情的“照妖镜”。

03

在我的婚姻里，我是没有收彩礼的，我们家也没有给我嫁妆。

在我的主动推进下，我和我先生恋爱两个多月就确定了婚期，双方家长属于临时见面，筹备也有点仓促。我们当时是在三亚举办的婚礼，并且只宴请了两家最亲的亲人和最好的朋友。因为我和我先生早就达成了一致，结婚是自己过日子，不是给别人看热闹的，只请身边人来见证就好。

至于彩礼，我个人认为，我和我先生都已经结婚了，这是最大的保障，并且我也有赚钱的能力，无须特别在意彩礼。我妈妈的观点和我很类似，她觉得只要女儿幸福就好，彩礼多少都所谓。

我先生的经济状况比我好很多，他很有心也很重礼数，他主动给了我妈妈很大数额的彩礼，但我妈妈主动把彩礼还给了我先生，表示只要我们幸福就好。

其实，站在我妈妈的角度，这笔彩礼是一笔很好的养老保障，毕竟她辛辛苦苦把我养大，**但她主动退还的这个举动，成就了我在婚姻里的尊严。**

我的婚姻，不需要用彩礼来证明什么，也不需要用嫁妆来护航。我对自己有足够的自信，对我先生和我们之间的关系也有足够的自信。而我的妈妈，给了我强有力的支持。这让我在婚姻里有足够的底气去应对、平衡、处理生活中的各种琐碎事情。

在我看来，这就是最好的结合方式，我们因为爱而结婚，并且不因钱而伤体面。我们确定在一起后，就认定了彼此是人生合伙人。这是比彩礼重要得多的保障！

6.4 房、车加名，并不是婚姻的标配

婚姻让“我”变成“我们”，那是不是意味着我们的钱、房子、车子都应该加上彼此的名字，变成“我们”的呢？事实上，从法律的角度来说，婚后财产本就是夫妻共同财产。

而婚前财产之所以不计入其中，是因为这里还掺杂了父母的财产，确实无法靠法律界定，而只能靠情感来衡量。

问题是，同样一段情感，因为不同人站在不同的角度，往往会产生不一样的感受，也就对同一件事情有了不同的看法和做法。就像婚姻里的“房、车加名”，有时候能喜上添喜，让小夫妻更幸福；有时候会变成一场灾难，让有情人变成无情人。

01

我有一位 30 岁的用户，结婚才不到两天，她先生就直接拉黑了她，并表示要离婚。

到底发生了什么事情，会让新婚夫妇刚结婚就闹离婚？

她先生比她大两岁，自己做生意，一直对她很好。谈了一年多的恋爱，几乎对她有求必应，国外旅游、买奢侈品，只要她说要，她先生都会满足，恋爱期间就为她花了很多钱。

谈婚论嫁时，丈夫也很豪爽，主动给了她 200 万元的彩礼。特别值得一提的是，这 200 万元的彩礼里，公婆给了 100 万元，另外 100 万元是他瞒着父母，自己额外补贴给她的。

女方这边则因为父母在她很小的时候就离异了，也就象征性地回了 50 万元的嫁妆。

按理说，婆家和她先生都足够重视她，她应该很开心才对，怎么会因为房、车的事情闹离婚呢?

原来，之前恋爱的时候，她先生和她承诺了 3 件事：

一是婚礼收到的礼金全部交给夫妻二人；

二是答应她会给她换一辆车；

三是男生的婚前房子会给女生加名。

可结婚那天，礼金全部被婆婆收走了，公婆和她先生都没有和她解释一声。之前说好的换车也一拖再拖。她先生一开始说手头现金不够，等收完礼金后再买新车，之后又说形势不好，先不买了。至于婚前房子加名，虽然公婆答应了婚后就加名，但之前婆婆是非常不同意的，而且婆婆很不喜欢来自单亲家庭的她，对她一直比较冷漠。

3 件事都不履行，不喜欢她的婆婆还拿走了礼金，这让女生非常生气，自婚礼结束后就没给她先生好脸色。结婚当晚，本来应该是小夫妻的洞房花烛夜，结果女生因为“婆婆收走礼金”的事情和她先生大吵一架，口不择言地说了非常多伤人的话。她先生被气得不轻，态度也很不好，直接说：“你根本不喜欢我，不把我当人看。既然你对我没感情，那不如直接分手。”

女生冷静下来后，悔不当初，便来直播间寻求我的帮助。

02

做情感博主这么多年，我遇到过非常多情侣，本来感情好到如胶似漆，后来因为婚前房子、车子没加名的事情闹得不可开交。关于彩礼、车子、房子，我一贯的观点是：婆家给是情分，不给也正常。

当然，我们得先了解下为什么女生那么在意加名这件事。

这涉及婚前和婚后财产的问题，如果房子和车子是夫妻婚后购买，那么房子和车子自然是夫妻的共同财产。之所以要求车子、房子加名，是因为车子和房子是婆家出资购买，属于婚前财产，和嫁过去的女生没关系。

站在不同的角度看待这个问题，好像谁都有道理。

女生从娘家到婆家，因为爱情进入一个陌生的家庭，当然希望婆家能通过实际的行动向她证明把她当成“自己人”，但站在男方的角度，车子、房子和彩礼，都是父母辛辛苦苦积攒下来的，要是加名，万一之后夫妻二人有矛盾，那自家经济就会遭受较大的损失。

相信大家读到这里就都明白了，**想要加名的背后，其实是各自的不安全感在作祟。**

男女双方都想找个退路，生怕这段关系不靠谱。这就又回到了亲密关系的本质——我们进入婚姻到底是因为爱，还是因为保障？

我一直和大家强调：

单身的时候，一定要“先谋生，再谋爱”。

结婚的时候，一定要“先谋爱，再谋利”。

经济基础决定上层建筑，这句话在任何地方都适用，包括恋爱和婚姻。单身的时候，我们应该拼尽全力提升自己赚钱的能力，这样我们才能在结婚后拥有足够多的话语权。

然而，当我们进入婚姻后，就一定要明白，婚姻是“我”到“我们”的转变，如果过于焦虑，把婚姻当作救命稻草，把结婚当作谋生手段，让婚姻沾染上“保障”的气息，就会让爱失去意义。

其实，只要确认对方是对的人，根本无须惧怕没有保障。怕就怕，彼此都不确认对方是对的人，那车子、房子的保障又有何用。

6.5 婚前必修的 4 个幸福心法，为婚姻保驾护航

我非常鼓励每一对即将步入婚姻殿堂的情侣，在婚前学习一些婚姻知识。原因很简单，幸福也是需要学习的，只有掌握科学的方法才有可能经营出幸福的婚姻。

夫妻之间有爱固然很重要，但想要让爱在琐碎日常里保持长久，就必须提前掌握一些幸福心法。

婚姻专家温格·朱利（Wenger Julie）在《幸福婚姻法则》

一书中指出：“即使是最幸福的婚姻，一生中也会有 200 次离婚的念头和 50 次掐死对方的想法。”因此，我们在婚前要明确，婚姻不是一帆风顺的，需要双方有足够的包容和理解，才能携手走过风雨。

01

幸福心法一：既有赚钱的实力，也有花钱的底气。

有很多“鸡汤文”会说：“女人一定要经济独立，一定要独美。”

我也很认可这句话，但我觉得没必要矫枉过正。谁说经济独立的女人就一定只能拥有事业、独自美丽，而不能拥有爱情呢？

在我看来，婚前大家一定要形成这样的认知：

持续提升自己赚钱的能力以及快乐花钱的底气。

凡事讲究尺度，我们不能把自己的整个人生寄托于婚姻，让另一半承担全部的责任和义务，但同时，我们也没必要完全不依靠婚姻，经济独立到非要和对方 AA。

娱乐圈有对恩爱夫妻，妻子特别喜欢买包，丈夫一直对此表示包容。记得在一个节目里，主持人问妻子：“家庭财政方面是你还是你先生做主？”她咯咯地笑：“分账咯，各占 50%，但我是非常独立的，独立到很少用自己的钱，哈哈。”

她有赚钱的能力，也有被先生呵护的福气，更有享受其中

的配得感和底气，我认为这才是值得倡导的婚姻状态。

经常有人问我："Mu姐，姐夫对你那么好，每个月给你那么多零花钱，你为什么还要那么辛苦创业？"为什么伴侣对我好，给我零花钱，我就不能出去创业了呢？

我很享受被丈夫呵护，但我也同样享受自己追求事业的兴奋感。两者不冲突，或者说，这是我个人追求的平衡的生活状态：

进，有进一步的事业欢喜；

退，有退一寸的爱情滋养。

我赚钱的实力，让我能更坦然地花钱。

花钱又能让我充满勇气地去拓展我赚钱的边界。

因此，姐妹们，大胆往前冲。

提升能让你经济独立的能力，护住随时可以让你依靠的福气。

02

幸福心法二：秉持互惠原则，妥善经营所有的关系。

有些人在亲密关系里会有种"坐享其成感"，总觉得爱情应该是——你爱我就应该爱我的全部，既爱我的优点，又爱我的缺点。此外，男人永远应该是主动的一方，他应该先热烈地向我走出99步，我再决定要不要迈出那最后一步。

这怎么可能呢？

我在直播间无数次地提醒女生，真的不要作。

没有人能无条件地爱我们。在我看来，**所有的关系都一样：秉持互惠原则，你想要什么，就先付出什么。**

这个观点来自我很喜欢的一本书——美国心理学家罗伯特·西奥迪尼撰写的《影响力》（*Influence: The Psychology of Persuasion*）。书中是这样解释“互惠原则”的：“人类普遍存在一种心理倾向，当他人给予我们恩惠、让步或资源时，我们会产生强烈的‘回报义务感’，即使这种给予是对方主动的、未经请求的。这种本能源于社会进化中对合作关系的依赖。”

这个原则在政治、商业、日常场景都得到广泛运用。比如，大家常见到的超市“免费试吃”活动，其实运用的就是互惠原则。通过活动，超市可以激发顾客购买更贵的产品，从而提高购买率。

这个原则运用在感情上也非常有效。真正有爱且能持久的感情，一定不可能是单方面的付出，必然是双方互惠。

经常有人问我：“Mu姐，你是怎么找到那么有付出意识的好老公的？”

其实，还真是因为遵循了互惠原则。

有一回，我先生（那时候还是男朋友）的合伙人过生日，他很头疼送什么礼物。

那位合伙人对他来说举足轻重，这次送礼物关系着我先生公司后续的运营。虽说只是一份礼物，但细节怎么处理却极有可能左右合作的最终走向。我先生没什么经验，又没有充足的时间去挑选，这事颇让他为难。我听说后主动揽下了这个活，并多处打听，最终把合伙人的情况了解得很清楚，并找到了一款既能彰显心意，又不失品位的礼物——爱马仕皮带，并且给合伙人夫人送了一条爱马仕丝巾。

其实那个费用对当时的我来说是超出预算的，但我一点都没有纠结。这钱谁花？要不要让先生先把钱支付给我？我这又出钱又出力是为了什么……我毫不犹豫地下单，包装好直接交给了我先生。他的合伙人收到礼物的时候特别开心，满意之情溢于言表。

这件事让我先生特别感动，也让我彻底进入了他的内心。我的想法很简单，他对我好，我当然也要对他好。我对他好后，他以后肯定会对我更好。好永远是相互的。

说到底，就是他给过我“恩惠”，我回报他“恩惠”，从而正向循环。

事情就是这么简单。因此，在婚姻里，别光等待。我们多主动一点，你越心疼对方，越为对方着想，他就更心疼你，更为你着想，日子自然越过越好。

03

幸福心法三：活在当下，不要焦虑“没发生的事情”。

很多焦虑的人，都有以下 3 种想法：

对过去感到后悔，对当下感到迷茫，对未来感到担忧。

这种状态反映到婚姻里，就会让我们完全忽略当下的幸福体验，去担心自己臆想出来的可怕未来。比如，他会永远爱我吗？他能让我过上好日子吗？未来我们会不会还不起房贷呀？如果我们离婚了怎么办……在我看来，我们从小接受的教育，在某种程度上给我们的思维套上了枷锁，让我们不自觉地将婚姻幸福与忠诚、富裕等同起来。实际上，幸福很简单，只是当下内心体验到的一种真切感受而已。

比如，我和爱的人一起窝在厨房煮了个粥；天寒地冻时，我和爱的人挤在沙发上共同追了一部剧。只要此时此刻，两个人的内心是快乐的，那么在这段时光里，两个人就是幸福的。哪怕未来有一天走散了，也没必要现在就开始担心，等未来真遇到问题的时候再去处理即可。

我们要明确的是：

实实在在的未来本就是由无数个当下累积而成的。

也就是说，未来在你手里，在每个认真感受的当下里。

实际上，那些对婚姻感到焦虑的人，并非因为当前的实际状况不好，而是因为对未来的不确定性过于担忧。此外，他们焦虑的并非事情本身，而是焦虑情绪本身。比如，他会永远爱我吗？本质上，这个答案并不重要，我们只需用心经营好每一个和对方在一起的当下，倘若今天有爱，明天自然有可能延续这份爱。

因此，姐妹们，别提前焦虑、没苦硬吃，好好经营当下就好。

04

幸福心法四：珍视生活琐碎中的幸福微光。

为什么我总在直播间鼓励大家去找一个伴侣呢？

因为当你有幸找到那个对的、合适的人时，哪怕在生活中遇到些磕磕碰碰，但总有那么一个人，能够在你最需要的时候，用爱和关怀温暖你的心灵；在一地鸡毛的生活里，用陪伴抵消琐碎的日常。这些真的很重要，远比财富、地位更能为我们提供必要的情感滋养。

和大家分享我的一段幸福时光。有一次，我参加了一场心理学大会，大会结束后我非常疲惫，身体很不舒服。回到家后，我坐在飘窗前休息，不知不觉竟然睡着了。我在迷迷糊糊中感觉到我先生轻轻地给我盖上被子，然后轻手轻脚地坐在我旁边工作。等我醒来的时候，房间里没有开灯。窗外华灯初上，我一转头，看到我先生依偎在我身旁陪着我。我一低头，我家猫咪安静地窝在我的脚边。那一刻，一股幸福的暖流涌上我的心头，所有的疲惫和不适感全部烟消云散。

我觉得，我好幸福啊，我的整颗心被幸福塞得满满当当。

回想起刚来广州的时候，我有过刻骨铭心的孤独时刻。尤其是周末，我偶尔因为太过疲惫睡过头，一觉醒来，发现天都黑了。那一刹那，一种不知道自己身在何方的恍惚感，以及被全世界遗忘的孤单感，让我觉得即便我有自己的事业，也取得了一些成绩，但依然发自内心地觉得悲凉。

而且，外面越热闹，我越寂寞。整颗心空荡荡的。

罗曼·罗兰曾说："世上只有一种英雄主义，就是看清生活的真相后，依然热爱生活。"祝福每一位即将进入婚姻的伙伴，愿我们能享受爱情，把婚姻变成爱情的加油站。

6.6 二婚优嫁指南

"离婚就完蛋了，要是还带着娃，就更不可能再遇到好人。"

"宁愿娶高龄未婚剩女，也绝对不娶二婚美女。"

一直以来，大众对离异女性都抱有偏见，觉得离异女性在婚恋市场上没有优势，甚至将"离异女性"和"掉价"画等号。

离异的女生千万别被外界强加的、带有贬低性的观念所束缚。我们只需要相信，**如果离婚是为了幸福，那么我们也一定能二婚优嫁，再获幸福。**

01

这一点，在国外是有非常多案例证实的。

离异女性的人生也可以非常畅快。

比如，安托万·阿尔诺（Antoine Arnault）——路威酩轩集团（LVMH）创始人的长子——的太太纳塔利·沃佳诺娃（Natalia Vodianova），她的经历堪称传奇。沃佳诺娃出生于俄罗斯，成长背景并不优渥，但凭借自身的独特魅力与坚韧的性格在时尚界闯出了一片天。38 岁时，离异的她带着与前夫所生的 3 个孩子嫁给了阿尔诺，成功地融入了这个在时尚与商业领域极具影响力的家族。婚后，她在婚姻生活中展现出自信与智慧，与丈夫共同经营着家庭与事业。

虽然有不少人依旧被陈旧的观念所束缚，但越来越多的人更关注情感的质量和恋爱的甜蜜程度。

因此，离异的女生完全没必要焦虑，更没必要看轻自己。相反，我们要看到自己身上的长处，找到自己在亲密关系里的优势。

离异女性具备“包容性极强”的优势。

年轻姑娘未经人事，习惯在感情初期就要求伴侣承诺很多事情，这种强迫感经常会逼得对方想逃离。然而，经历过婚姻的女性再面对亲密关系时，很多事情都不会过度在意，拥有松弛感，这种相处模式，会让伴侣觉得舒服，反而更享受这段关系。

离异的女性更清楚自己要什么。因为已经在感情上踩过雷，所以她们将恋爱和婚姻的本质看得很清楚。重新进入一段感情时，她们会非常清楚自己要什么。与对方相处时，明白其中的价值交换，清楚你能给我什么，我能为你付出什么，也因此活得非常通透。

此外，她们情绪更加稳定，遇事直奔目标而去。某女生拒绝比自己小 10 岁的男生追求时，就直接说：“别再约我了，我不想随便和男性吃饭。你是不会娶我的，我也不会嫁给你，我们就不要浪费时间吃饭了。总而言之，能来身边和我谈心的，必须是我的丈夫。”

而男生回复的信息是：“你明天过来，我和你聊聊结婚的事。”

因此，离异女性首先要做的事情是——正视自己。

只有把上一段婚姻的经历转变为财富，才能让自己在下一段亲密关系中游刃有余。

02

我有个用户，43 岁，她离异带娃，但保养得非常好。她在体制内工作，家里有 4 套房，最关键的是她在待人接物方面非常有智慧，所以在婚恋市场依旧抢手。她现在的男朋友也在体制内工作，家境很不错，37 岁，未婚。

男方非常喜欢她，他们也谈过结婚的事情。男方表示：“我现在拥有的，未来都是你的。我也会努力学习做个好爸爸，把你的孩子当成我自己的孩子来养育。”

甚至再婚后是否生孩子，男方也表示完全交由女方来决定。

这个爱情故事是不是很美好？但我想告诉大家的是，事实上，男方在表态的同时，并没有实际地推进婚姻。为什么？因为本质上，他自己也不确定是否要结婚。他当然折服于女友的魅力，也是真心喜欢女友，但现实就是现实。37 岁未婚且条件不错的他在婚恋市场上有很多选择，他也有非常多现实的考量。

如果是个30多岁的女生，估计这会儿已经焦虑得不行了，但这个女生恰恰因为结过婚，反而心态平和了。对于经历过一段婚姻的她来说，现在经济独立、有稳定的事业、有自己的孩子，她完全没必要也不期待立刻再次结婚，再犹豫是否生孩子，她只需要认认真真地享受爱情就好。

值得注意的是，成长的智慧是从经历中碰撞、沉淀出来的。否则，经历就是经历而已。如果自己没有能力和成熟的心智，就算再次遇见爱情，也无力经营。

我遇到过非常多的离异女性，她们在二婚时还在纠结婚礼、钱、仪式感。说实话，每每遇到这类女性，我都很替她们担心，因为离婚的经历并没有让她们获得成长。她们还是小姑娘的心态，是很难再次通过婚姻获得幸福的。

我有一个用户，37岁时因为丈夫出轨而选择离婚，并且带着一个儿子。通过相亲，她认识了一位39岁离异带着女儿的男士。男方对她很有好感，经常邀请她去家里吃饭，会亲自做饭给她吃，也很认真地与她谈婚论嫁。

然而，问题就卡在谈婚论嫁上。她提出要在男方的房产证上加上自己的名字。

男方很实诚，直接表示："婚前我肯定不会加名字的，但是如果以后我们有了自己的孩子，我是可以给你加名字的。"

女方很介意，觉得对方在画大饼。她找我咨询："我害怕二婚，如果出现什么问题，自己就会人财两空。可错过了他，我可能再也找不到这么好条件的对象了。我该怎么办？"

我给的建议也很直接：思考清楚二婚要的到底是什么。求仁得仁就好。如果你在意物质保障，那就明确提出，要求相亲对象给自己固定的经济保障。如果你想要知冷知热的伴侣，可能就要放弃一些经济上的要求。

离异的女生一定要明白，经历过一次婚姻的洗礼，应该洞悉婚姻的本质。物质条件不应该是你首要考虑的指标了，你大可将目光聚焦于好的情感体验。

03

有一些女生在再婚时，会因为“孩子”这一因素而背上无比沉重的枷锁。

“我不希望孩子有个不完整的童年”“我想给孩子一个原装的爸爸”“我担心他未来的继父给不了他真正的父爱”。

在我看来，这些都不过是表象。

本质上，不管是孩子，还是再婚时车、房等物质条件的考虑，这些统统都只是“内在心境”的一种映射。

真正阻碍你的，绝非这些外在的具体条件，而是藏在你内心深处的恐惧、害怕与担心。你只是不自觉地寻找到了这些外在条件，将它们作为借口，来给自己的裹足不前寻找看似合理的托词。

孩子，本就是独立的个体。他们所蕴含的成长潜力和适应能力超乎想象，能够在多元的家庭环境中茁壮成长。他们并非柔弱无助、无法面对生活变化的温室花朵。

同理，离异带娃的妈妈也是独立的个体。

我们历经了婚姻的波折与生活的磨砺，早已不是当初那个懵懂无知的少女。我们有着强大的判断力，能够分辨是非对错、利弊得失，更有着不容置疑的话语权，有权利为自己的人生做出抉择，去追求属于自己的幸福。

就像我的一个博主朋友，当她被粉丝追问是否离过婚时，她的回答非常霸气："离过婚只是我的过去，又不是我的过错，有什么好说的。"

离婚早就不是黑历史，只是我们的来时路。相反，经历中得到的智慧，反而让我们更通透地看待情感，找回幸福。

第7章

经营婚姻：打造“人生合伙人”股东制婚姻

7.1 为什么伴侣在车里待一小时也不愿意回家?

英国作家戴维·赫伯特·劳伦斯（David Herbert Lawrence）在其经典小说《儿子与情人》（*Sons and Lovers*）中，留下了这样一句发人深省的话:“爱情应该给人一种自由感，而不是囚禁感。”

可令人惋惜的是，在步入婚姻的殿堂后，许多人都感觉逐渐地失去了自由，并且被一种无法言说的囚禁感所笼罩。

尤其是妻子，常常觉得自己很孤独。明明恋爱的时候一日不见如隔三秋，可为什么婚后日夜相伴，丈夫的心却似乎在天边？这种孤独感，最先来自“无话可说”，你满心期待地向他倾诉，可他却心不在焉，一副嫌你烦的模样……以至于“为何他下班后宁愿在车里待一小时也不愿回家”的话题直接冲上情感领域的热门。

难道婚姻真的是爱情的坟墓，能将无话不谈的恋人变成相看两厌的怨偶?

01

我看过一条爆款视频。视频中，妻子拿着手机拍摄屋外的大雪。镜头不经意间扫到楼下丈夫的车，只见车内的丈夫正在翻阅文件。突然，他将文件狠狠扔出，双手用力敲打方向盘，显然是工作上遇到了不顺的事情。随后，他下车接了通电话，情绪明显烦躁，点上一支烟后，又默默回到车上，陷入长久的沉默。许久之后，丈夫下车整理衣衫，抹了把脸，强挤出笑容，才往家里走。随着镜头一转，打开家门的丈夫满脸笑容，开心地抱起前来迎接自己的女儿。家中一片欢声笑语，家里家外的他完全判若两人。

无数人在视频下方留言，夸赞这是一个好丈夫、好父亲。或许，在某种社会期待的导向下，他是一个好丈夫、好父亲，但是从心理健康的角度而言，这很难是一个健康的男人。

什么叫作亲密关系？**所谓亲密，是指当我们遇到事情，遭遇了低谷，心情烦躁、低落时，有一个“家”可以让我们放下所有的负担，有一个“爱人”可以接纳我们所有的不安和无助，用拥抱和鼓励回应我们：“别担心，我在呢。”**

试想一下，如果一个人遭遇坏情绪，只能独自应对，一次两次尚且可以，可若次数多了，这些积攒起来的、隐藏起来的情绪最后会通向哪里？我认为，当遇到某种困境的时候，那些未能被及时疏导的负面情绪可能真的会“引发爆炸”。

但为什么这个视频会如此火爆呢？从女性角度看，当然是因为妻子希望丈夫能替家庭承担所有的风雨，她们认为男人只有顶天立地才值得赞扬。然而，从男性角度看，我们会发现，男人也是人，也有很多无奈。他们不是神，很多时候也无法应对外面的风吹雨打，而且碍于“男人是坚强的”“男人不能有情绪”的社会准则，他们不能向别人诉苦，而这个视频恰恰是帮他们开了口，告诉世人——男人也很难。

为何女性会通过倾诉释放压力?

作者罗纳德·B. 阿德勒在《沟通的本质》一书中提到，女性更善于表达情绪。整体来说，女性比男性更容易透过语言或非语言的方式来表达广泛的情绪。因此，忙碌一天的妻子，习惯向伴侣抱怨工作中的困扰，细致入微地描述委屈与愤怒。在倾诉过程中，女性因被倾听而获得情感宣泄，压力也随之得到缓解。

而男性则截然不同，他们倾向于压抑情绪。心理治疗师特伦斯·瑞尔（Terrence Real）指出，男性普遍认为表达情绪是软弱的表现。因此，在面对压力时，他们大多选择将情绪深埋心底。男孩从小就被教育要坚强，受伤也不允许掉眼泪。

读到这里，大家应该就理解了，为什么有的人下班后习惯在车内待一小时。因为白天工作太累、太苦了，他们不想把压力带回家里，更害怕家里没有人能承接他们的压力。

所以，适当给伴侣一些独处的时间，那或许是他难得的喘息空间。

02

需要着重留意的是，我们需要关注伴侣是偶尔自行缓解压力情绪，还是习惯性地拒绝沟通，逃避问题，不想回家?

如果是第一种情况，我们当然应该给对方一些独处的时间和空间，但如果是第二种情况，伴侣频繁且长时间地在车内刷手机，迟迟不愿回家，且与家人几乎零沟通或沟通极少，那我们就必须警觉，这可能是亲密关系里的危险预警。

我有一位用户，她是一名全职妈妈。她的家里没有老人和保姆可以帮忙，她又要照顾孩子，又要操持家务，非常辛苦。然而，更令人难过的是，她几乎没有朋友，也找不到人聊天，感觉实在太孤独了。因此，她每天都盼着丈夫早点儿下班，希望丈夫回来带带孩子，和她说说话，让她喘口气。

但是她丈夫的工作非常忙，经常加班到半夜十一二点才回家。她憋了一天的话恨不得马上就倒给丈夫。她丈夫却总是拒绝沟通：“今天太晚了，我太累了，而且明天一大早还要开会。我们赶紧睡吧。”

日子久了，她那些无处宣泄的情绪积攒得越来越多，她越来越觉得委屈、愤怒。于是，她的倾诉欲变成了吵架欲，她每天等着丈夫回来吵架：“我和你说了多少回，早点回家、早点回家。孩子难道是我一个人的吗……”

令人生气的是，虽然她一直表达着自己的愤怒，但丈夫回家的时间却越来越晚。有一晚，丈夫又和她说晚上要应酬，得晚点回家，让她带着孩子早点睡。可等她下楼倒垃圾的时候，却意外看见家里的车。远远一看，丈夫竟然坐在车内一边抽烟一边刷手机。她马上给丈夫打电话，没想到丈夫一开口就是：“今晚得应酬到十二点，你和儿子早点睡，不用等我了。”

她非常震惊，却也多了个心眼，开始查丈夫的行程。结果她发现，丈夫好多次“加班”其实都是躲在车里玩手机。她非常生气也非常困惑，她想不明白，为什么自己三令五申让丈夫早点回家帮忙，他明明早回来了，却还谎称加班，宁愿在车里耗着也不愿进屋。

她又气又无奈，便来求助我。

我问她：“他最近工作是不是遇到什么难处了？”

她迟疑片刻，答道：“不知道，他很少说工作上的事情。”

我又问：“那你们主要聊些什么？”

她有点儿愤怒：“很久没聊过了。他晚回家很久了，我每天晚上都憋着一肚子气等他回来吵架。可他不和我吵，一回家就说困，就说要睡觉。”

她回忆了下，“我怀孕的时候他总是很早就回家，当时晚饭都是他做。孩子长大后，他回家就越来越晚了，总说自己要加班，经常三更半夜才到家。我有段时间还以为他外面有人了。”

我：“在这之前，是不是你和他的聊天大多围绕着孩子的吃喝拉撒，聊你受了多少委屈？”

她点头说是。

至此，我了解到问题所在。

其实，她的问题也是很多亲密关系中出现的问题。很多女生在家带娃压力大，日日等着丈夫回家倾诉自己和孩子的细碎问题。然而，她们以为这就是夫妻之间的“沟通”，但其实，这更多的是她们单方面的“情绪发泄。”

反观男性，不管他们在外面承受了多少压力，他们都倾向于用沉默掩盖伤害。如果这个时候，妻子只管发泄自己的情绪，那丈夫是很难承接住的，就只能敷衍和躲避。

然而，觉察到丈夫“敷衍”的妻子，会试图追问男人：

“你是不是发生了什么事情？”

“你有什么不开心的？”

于是，作为一家之主的男人只会觉得工作已经一地鸡毛，如今生活又鸡飞狗跳，两座大山压下来，让他们满腔郁闷却不知道如何排遣。此时妻子如果持续追问，就很容易导致争吵。

03

这件事情能分对错吗？

当然不能。

妻子承担了大部分的家务和育儿工作，委屈又辛酸；丈夫承担了大部分的经济重担，情绪易波动且压力大。夫妻各有各的难处，都很不容易。

如果真的要分析问题，只能说**他们都不知道如何表达自己的需求，也不了解伴侣的需求，更不知道如何引导伴侣满足自己的需求，从而为自己注入能量。**

其实，一个宁愿在车里待上一个小时也不愿回家的伴侣，内心对家仍抱有期待与渴望。换言之，此刻的他还保有对家庭的责任感，所以他依旧会将车开回家楼下。只是，他无力应对妻子的情绪，也不想引发夫妻之间的争吵，于是，他的“心”诚实地做出选择，在车里抽烟、玩手机，以此逃避生活中的诸多压力。

因此，请理解伴侣的压抑和逃避。在合适的时候，给对方一些独处的时间和空间，让他在自己的“安全树洞”里自我消化。在他回到家的时候，给他一个温暖的拥抱，为他煲一锅热腾腾的鸡汤，或者默默地陪在他身旁。

其实，爱很简单，那就是心疼对方，理解对方，安慰对方，陪伴对方。做到这些并不容易，但真的做到了就会发现，家变成了一个更加自由的空间。

世界纷纷扰扰，压力多多少少，但家可以永远是避风港。

7.2 为什么伴侣婚后不想“交粮”了？

作为一名情感博主，我对“无性婚姻”抱有一种很复杂的心情。一来我非常理解无性背后的无奈；二来我发自内心地认为，无性婚姻其实也是可以通过技巧和方法去经营的。

无性婚姻的比例越来越高。《中国婚姻状况调查报告》（王静，2023）显示，中国无性婚姻的比例已达到 30%，在 20~64 岁的已婚人群中，超过四分之一的夫妻每月的性生活频率低于 1 次。越来越多人无法在婚姻中享受快乐了。

01

想要更好地了解性，就得先熟悉男女眼中性的不同。

对于女性来说，性等于爱，两者是紧密相连的，由爱生性是女性在情感关系中的本能倾向。在亲密关系里，女性倾向于通过性来深切地感受被爱、被需要，从而确认彼此之间深刻的情感联结。**性，对于女性来说，绝非仅仅是一种生理行为，更是爱的升华，是情感深度交融的外在表达。**在婚姻中，当性得以和谐、美好地存在时，它就能让女性更加深刻地体会到婚姻的幸福与美满，感受到与伴侣之间的亲密无间。

然而，对于男性而言，性在大多时候只是一种生理反应。因此，当婚姻开始无性，或者当婚姻中的性变成一项“交粮”任务时，亲密关系就会变得尴尬，女性也会陷入糟糕的情绪之中。

一方面，女性因无性而缺爱，她们会陷入内耗：为什么他不愿意了？是我不再有魅力了吗？

另一方面，女性正常的生理需求得不到满足，身体上的欲望被忽视。双重压力之下，女性会对自身的价值和婚姻的意义产生怀疑，自然亲密关系会受到影响。

02

那么，为什么很多人在婚姻中不想“交粮”了呢？准确来说，是没有当初的激情了。

“老夫老妻就像左手摸右手，生活不再有新鲜感”才是问题的核心。

“柯立芝效应”可以很好地解释这一现象。**柯立芝效应指出，雄性动物对新出现的雌性配偶往往表现出更强烈的交配欲望。**

除此之外，重复又烦琐的生活也对此产生影响。

我有一位用户，她结婚 3 年，和丈夫从“异地恋”走到“异地婚姻”。

恋爱时，他们常在酒店约会，两人都会花心思布置场地，常有“小别胜新婚”的惊喜感和浪漫感。没承想，结婚后即便丈夫难得回家，满心期待能与妻子亲昵，但因为妻子忙着做家务，给孩子辅导作业，睡前还和丈夫讨论琐碎之事，导致丈夫发生了改变。到后来，丈夫回家的次数越来越少。等她前往异地看望丈夫的时候，发现在丈夫的房子里有别的女人的衣物。

此时，她慌里慌张地找到我。她很委屈：“我为了这个家付出了那么多，把孩子照顾得那么好，结果他不但不回家，还在外面找女人，他怎么这么没有良心？”

03

要化解这一困境，当然需要双方共同努力，但我认为女性可以掌握主动性。

第一要紧的，自然是打破“柯立芝效应”，尽可能多地保持新鲜感。保持自己的好状态，可以尝试在妆容上下功夫，让伴侣看见不同面，感受到你的“多变性”。

第二，把琐碎生活和性分开。

不管结婚多少年，夫妻一定要刻意保留“夫妻间的专属时光”。在专属时光里，两个人可以暂时放下烦心事，让自己享受浪漫时光。

比如，看一场电影，来一场只有两个人的旅行，又或者等孩子睡后两人一起回忆往事。像我的一个女生朋友，她结婚之后还和谈恋爱时一样，经常和丈夫出去玩，并且依旧在朋友圈“恩爱打卡”，好多人都以为他们还没结婚，但其实他们结婚很久，有两个孩子了。

这种“独有的专属时光”会成为夫妻之间的“充电器”，疲惫婚姻里的“加油站”。

婚姻从来不是爱情的终点，但确实是一场需要用心经营的漫长旅程。

7.3 全职主妇就是个“坑”

有的人认为，如果能遇到可依靠的人嫁了，便可卸下工作的重担、生活的压力，轻松地回归家庭，开启每天睡到自然醒的全职主妇的生活。带带孩子养养花，喝喝咖啡聚聚会，等先生回家后一起去外面吃顿大餐……全职主妇这一角色到底意味着什么？

岁月静好的背后支撑？还是暗藏危机的温柔陷阱？

或许不同的人有不同的理解，但在我看来——全职主妇这一身份就是个“坑”。

01

我是反对大家做全职主妇的。因为，**如果把家庭比喻成公司，那么家庭主妇就是个没有保障的无薪岗位。**

在公司工作是有工资的，如果被辞退，公司需要给补偿金，但家庭主妇一旦被“辞退”，就真的没有什么保障了。

更可怕的是，大部分全职主妇在家里待得太久，远离社会，极少社交，很容易失去自我，内核不稳定，反反复复地陷入泥沼中。

有全职主妇试图用道德枷锁来维持婚姻的忠诚、爱情的纯粹、个人的岁月静好：“他肯定不会变心啊，他说过会养我一辈子的。”但现实往往会给单纯的她们沉重一击。

婚姻本质上是价值的匹配、双向的吸引，一旦其中的某一个人吸引力逐渐减弱，问题便接踵而至。

我的一位用户，她原来是三线城市里穷人家的姑娘。她年轻时非常拼命，凭借自己的努力拿下了全额奖学金出国留学，并在国外找到一份高薪工作。

前途一片大好的时候，她在工作场合中认识了一位男士，她说：“我对他一见钟情，立马放下一切追随他回到上海，心甘情愿回家当了全职主妇。”

她3年生了两个孩子，在外人看来，他们一家四口非常幸福，但她内心的苦只有她自己知道。她经常来我的直播间诉苦，告诉我在上海那样高消费的一线城市，她的丈夫每个月竟然只给她5000元的家用。

她很卑微地伸手要钱：“5000元真的不够花。”丈夫很无情，反过来指责：“钱钱钱就知道钱，不够花自己想办法。”一个困在家里带着两个孩子的全职主妇能想什么办法？

她第一次来我直播间，我就给了她详细的建议，我告诉她两件事：

（1）如果你的丈夫这么没有责任心，那么你未来的风险是很大的。

（2）迅速把孩子送去幼儿园或者交给老人照顾，想方设法恢复赚钱能力。

遗憾的是，人是环境的产物，当年那个在一众穷学生中脱颖而出拿下留学奖学金的她，其思维和自我早就在“温水煮青蛙”似的婚姻里消失殆尽。她丢了自己的主心骨，遇到事便习惯性地向外寻求依靠。她反复到我这里寻求慰藉，却从来没有过任何行动。

没过多久，她再次与我连麦，说婚姻又出现了新的危机。

她意外发现自己的丈夫出轨了。那一次，她彻底醒悟了。她和我说："Mu 姐，以前我过得太辛苦，确实想借助婚姻让自己轻松一些，可在婚姻里走一遭，我才意识到，放弃自己是件多傻的事，到最后，靠得住的只有自己。"

02

我在直播间强调过无数次，女人千万不能成为婚姻的附属品，一定要坚定地做自己。无论如何都不要放弃自己的事业，爱情和事业完全可以同时做好。

回看我的过去，从当主持人、去互联网大厂拼搏，再到现在，我拥有自己的公司。不管是恋爱还是结婚阶段，我从来没有松开过事业的方向盘。

很多人曾问我："婚后生活那么优渥，完全可以躺平，你为何还要那么辛苦地创业呢？"

原因有三。

第一，我确实是个闲不住的人，我非常喜欢工作，更享受做情感博主的工作。我常觉得我在做有福报的事业，可以用我的经验帮助姐妹们避坑优嫁、保护婚姻，这让我觉得自己做的事情很有意义，很有价值。

第二，作为公司老板，我得为我身后的整个团队负责。并且，我也一直在为我自己的人生加码。

第三，作为一名情感博主，我想以身作则，向广大女性传递一个清晰有力的信号：**无论我们处于何种情感状态，无论我们的外在条件如何，都不能放弃自我成长，不能放弃追求事业。因为事业不仅是经济独立的保障，更是女性在婚姻、在社会中挺直腰杆的底气，它能带领我们到达自己想要的世界。**

很多人会担心：事业和家庭无法平衡怎么办？

我认为，这个问题已经越来越好解决。我们所处的时代与以往相比，是一个对女性特别友好的时代，女性做事业，并不会像以前一样受到资源、背景、资金、时间等外在条件的束缚。只要我们敢想敢做，线上线下的机会比比皆是。

前不久，我刚听朋友说了个身边事。有位全职宝妈通过拍摄“自己做饭＋女儿吃饭”的视频，半年涨粉十几万。她开通的橱窗能自动带货，给她带来了“睡后收入”。有空的时候，她就开直播卖她日常用的烹饪物品、宝宝食物，赚的钱比她先生工资都多。

原来，她的婆婆非常看不起她，动不动就批评她每天在家什么都不会干，只会花钱，但现在，赚钱越来越多的她掌握了家里最大话语权。

值得注意的是，我并不是说我们非要通过做事业实现多么宏大的经济目标，而是说我们需要借助事业培养自己也拿不走的赚钱能力。或许，爱情、婚姻未必能永久地陪着你，但只要你具备赚钱能力，就永远能靠自己随时出发看世界。

03

我想给已经结婚的女生一个很中肯的建议：不管你是不是全职主妇，都要记得，即便你身为人妇，也要继续维系自己的社会关系。

有的女生结婚后就彻底与曾经的社交圈割裂了，除了先生孩子，没有任何其他人脉，这很危险。

在我看来，维系自己的社会关系，既是对自我成长的保障，也是经营婚姻的智慧。

和大家分享一个小故事。我有一位用户，她的情商非常高。每每事业获得进步，她一定会邀请领导、客户、朋友聚会。很多时候，她会刻意把丈夫也带上。一方面是为了联络感情，方便两个人以后能更好地携手发展，另一方面其实是她的婚姻智慧——每次聚会，大家都会在丈夫面前夸赞她优秀，夸赞她丈夫有福气。这样一来，丈夫就能在别人的夸赞里深刻意识到自己的妻子很优秀，从而充满“新鲜感”地看待“熟悉的妻子”。

你可能很优秀、漂亮，婚后也把事业和家庭都维护得很好，但在日复一日的柴米油盐中，丈夫依然会“审美疲劳”，不自觉地忽略了你的优秀。

然而，如果外界的声音不断传递你很优秀的信息，那丈夫也就能不断意识到：“我的枕边人是如此优秀。”这种来自外界的肯定，能够让丈夫不停地用心感受你、观察你，对你的尊重和爱意自然会增加。

总之，全职主妇看似背靠婚姻岁月静好，实则将自己置于诸多风险之中：

失去经济独立权，等同于交出生活的主动权；

社交圈的局限，让思想逐渐狭隘；

个人成长的停滞，将使你的魅力和价值大打折扣。

姑娘们一定要记住：

婚姻绝非一张长期饭票，需要夫妻二人相互支持、携手同行。

7.4 食之无味的婚姻，该不该为了孩子委曲求全？

结婚是为了幸福，然而，有时候离婚也是为了幸福。

我的用户中，有很大一部分女性，在婚姻已经千疮百孔的前提下，依旧不舍得离开。为什么？她们的答案是——为了孩子。

婚姻和恋爱不一样，需要承担更多的责任。有孩子的婚姻，则又比“无孩婚姻”多了层枷锁，让夫妻在抉择的十字路口徘徊不定：究竟该不该为了孩子，在摇摇欲坠的婚姻中委曲求全？

01

直播间连麦的时候，我遇到了这样一位姑娘，她和她先生是异地夫妻，孩子已经3岁了。孩子几乎是她独自带大的。她先生对家庭、对孩子都没什么心思，每个月就给点儿生活费。

更可怕的是，她先生还家暴。忍无可忍之下，她提出离婚。但开庭的时候，她先生直接“消失”了。结果，离婚这事就不了了之了。

更令人费解的是，在孩子生日的时候，她又原谅了她先生。两人因为孩子再次和好，商量继续维持婚姻。问题是，她先生根本不重视“和好”这件事，失业的他在重新找工作的时候依旧没有考虑和家庭团聚，继续选择异地，在她去看望她先生时，更意外发现她先生出轨了。事已至此，她还犹豫不决，问我该怎么办。

我说：“这样一点儿责任心都没有的男人，难道还留着过年？把孩子交给爷爷奶奶，你赶紧出去工作，赶紧离婚吧。”

她很犹豫：“可是我的孩子太小了。”

我很理解她的犹豫，很多陷在婚姻泥沼里走不出来的女性遇到的第一个难题就是“我的手抱起了孩子就搬不了砖，搬了砖就抱不动孩子”。为了孩子，女生好像只能在婚姻里苟延残喘。但我的看法不同，比起“孩子怎么办”，我更想问的问题是：

“你在这段关系里感受到幸福了吗？”

“这段婚姻给了你应对生活的安全感和力量吗？”

“你有考虑过自己的感受吗？”

一个女人，只有先养好自己，才能滋养孩子。

02

“我知道 Mu 姐说得有道理，可孩子太小，我真的没办法离婚。”

很多人在谈及为何不离开糟糕的婚姻时，脱口而出的便是“为了孩子”，但我想问句：孩子会不会只是你不敢离婚、逃避改变的借口？拿孩子当借口，其实反映的是你自己对未来不确定性的恐惧。

长期处于一段婚姻关系中，即便它已经千疮百孔，也依然给人一种熟悉的“舒适感”：习惯了身边有个人，哪怕这个人带来的更多是伤害；习惯了现有的生活模式，害怕走出婚姻后要独自面对经济压力、社交压力以及未知的孤独。

就像案例中的妻子，婚姻已名存实亡，她想离开，并且自己有赚钱的能力，但因为担心孩子无人照顾，不敢迈出离婚那一步。归根结底，是她害怕离开目前这个虽痛苦却熟悉的环境，害怕不确定的未来。但其实，因为孩子而勉强维持婚姻，不仅是对自己人生的不负责任，更是对孩子成长环境的一种错误估量。孩子在父母貌合神离、争吵不断的家庭中长大，所受的负面影响或许远超父母离婚所带来的影响。

因为，真正伤害孩子的，从来不是离婚本身。

真正影响孩子人格发展的，是父母对待彼此、对待婚姻的态度。

如果夫妻二人坦诚相告，用平和、理性的方式和孩子沟通：

“宝贝，爸爸妈妈遇到了一些问题需要分开，但有两点你一定要明白：①这是爸爸妈妈的问题，不是你的问题。我们会解决好，你不用担心；②就算爸爸妈妈分开，也依然是你的爸爸妈妈，你依然是我们最爱的宝贝。”

即便最终离婚，孩子也能被尊重，理解并接受家庭的变化，以及更重要的是，不影响他对婚姻的印象，让他从中学习到正确的婚恋观。

03

食之无味的婚姻没有必要为了孩子委曲求全，更不要拿孩子当借口，让自己和孩子都陷在错误的亲密关系里。

值得注意的是，女性在做出离开的决定前，不能意气用事，要尽最大可能为自己和孩子争取权利。简单来说，就是获取保障。

我有一个用户，她家境不错，结婚 3 年，有一个 8 个多月大的孩子。奈何她丈夫做了很多不堪的事情。事情败露后，丈夫下跪求饶。妻子非常痛苦，找到我求助。

我的建议当然是离婚，但和前面案例不同，我建议她仔细思考以下几个问题，从长计议：

（1）离婚后财产将如何分配？

（2）离婚前能否为自己和孩子争取更多保障？

（3）以自己目前的能力，能找到怎样的工作？

（4）自己能同时兼顾工作和照顾孩子吗？

（5）自己在婚恋市场中能占到怎样的位置？

因为她的身体还没有完全恢复，并且孩子还太小，所以她需要时间为自己谋划。

很多年轻的女生觉得离婚谈保障有损爱情，但我想告诉大家的是：

爱的时候是真爱，可之后散的时候也是真散。

女性绝对不能因为“清高”放弃自己本应得的权益。

说一千道一万，在面对是否为孩子委曲求全这个难题时，希望每个身处其中的人都能看透这背后的真相：

不要用孩子捆绑自己迈向新生的脚步，相信孩子是坚强的，更要相信你自己。请一定要维护好自己的权利，在关键时刻保护好自己。

最重要的一点是——**只有妈妈有力量，孩子才有幸福可言。**

7.5 原配反被外人威胁，如何捍卫婚姻？

婚姻里最令人委屈的，是遭受伴侣背叛。

然而更令人气愤的，是婚姻侵入者竟然嚣张到跑到原配面前叫嚣。

我做情感博主很多年了，其实遇到过不少类似的事情。每一次我都克制不住地生气，恨不得自己去替用户打一仗。婚姻里遭遇背叛，很难用简单的对错标准去评论，但严重到被外人威胁，就需要原配足够有智慧，捍卫婚姻。

01

我有一位用户就遭遇了这样令人心碎的事情。

她今年 29 岁，是两个女儿的妈妈。她在一家企业担任文员，工作轻松自由，因此她大部分的精力都倾注在家里。她丈夫经营着自家公司，整日忙得不可开交。

她们一家四口很幸福。丈夫非常爱她和女儿，每个月丈夫都会主动给她生活费，逢年过节也会给她送礼物。她稍不高兴，丈夫就会抽出时间带全家人去旅行，讨妻子高兴。而且，她的丈夫极其孝顺。家里老人生病，他会在医院忙前忙后，悉心照料。她常常觉得自己被幸运之神眷顾，生活在蜜罐子里。

然而，幸福的生活被一条突如其来的短信打破了。

那是一个陌生号码发来的，一开始，她只当是无聊的恶作剧，并没有放在心上。可是，接下来的事情像噩梦一样逐渐展开。对方接二连三地发来了照片，那些照片就像一把把锋利的刀，刺痛着妻子的眼睛和心。不仅如此，对方的言语愈发恶劣，还狂妄地叫嚣着让她让出妻子的位置。

直到这时，她才如梦初醒，原来她一直深信不疑的好丈夫早已背叛了他们的婚姻。刚开始，丈夫还死不承认，嘴里不停地狡辩。可随着证据越来越多，丈夫眼见瞒不住了，竟然打起了感情牌。他跪在妻子面前说：“我最爱的是你和女儿啊，这个家对我来说才是最重要的。外面的那些，都只是逢场作戏罢了。应酬的时候难免遇到这种情况，这对我们的感情一点影响都没有啊。”

02

遭遇丈夫背叛，首先给当事人带来的是身心上的伤害，但更可怕的是，这种来自枕边人的伤害，会让当事人对世界和自我都产生巨大的怀疑，甚至让其内在价值体系崩塌。

这也是为什么遭遇背叛的人需要很长时间才能恢复。

值得钦佩的是，我的这位用户在这么痛苦的状态下，依旧保持着清醒，找到我寻求帮助，并且目标非常清晰：

（1）处理好这次危机，赶走外人，让丈夫回归家庭。

（2）梳理婚姻到底哪里出了问题，为什么看似完美的婚姻会出现背叛的情况。

很多在婚姻里受到伤害的女性，会习惯性地认为是外人导致自己的丈夫做错事，**但其实，在亲密关系里，最关键的因素是丈夫和妻子。**

站在女性的角度，我当然对女性遭受的伤害感同身受，但作为一名专业的情感博主，我必须和大家分享关于背叛的真相。

在这场婚姻动荡中，我们不能仅仅停留在表面的指责，将男人的行为简单归结为道德败坏（当然必须谴责，但谴责后一定要复盘并解决问题）。人性是复杂的，出轨背后往往有着深层次的原因。一个人犯错，一方面是周遭环境提供了土壤，让邪念有了滋生的温床；另一方面，是原有关系出现裂缝。

比如我的这位用户，她的婚姻生活看似幸福、平静，实则暗藏波澜。

她的婚姻优势很明显：二人互为初恋，拥有足够深厚的感情基础。加上丈夫对家人有责任心和付出意识，让婚姻看起来是一副岁月静好的模样。

波澜出现在哪里呢？那就是妻子没有跟上丈夫成长的脚步，没有满足丈夫日益变化的需求。再深的感情，如果只有单方的持续付出，也会逐渐褪色。

说到底，不要考验人性，不要考验忠诚。

03

只有了解了背叛的真相，才能决定婚姻的下一步走向。

“祸兮福之所倚，福兮祸之所伏”，遭遇婚姻背叛当然是人生的重大危急时刻，但若能妥善处理，这件事反而能加固夫妻感情。哪怕决定离开这段婚姻，妥善处理也能助力自己更好地经营下一段关系。

那么，在面对伴侣背叛时，我们该如何击退“婚姻侵入者”呢？此外先指出几个错误做法。

1. 千万别把力气放在“婚姻侵入者”身上

相信大家看到过非常多“原配殴打小三”的新闻。这看似解气，但我们也会发现，这种行为十之八九会把丈夫推向对方，甚至让对方觉得自己才是“受害者”。

2. 千万别让背叛者用经济赔偿打发你

一位在我直播间连麦的姑娘，在发现男友出轨后，非常痛苦。男友下跪求饶后，她提出让男友赔偿她 5 万元作为惩罚，并制定惩罚措施，以后再出轨就罚 10 万、15 万并逐步提高。她问我：“这样处理对不对？”

我一听就急了，这简直是在变相推动伴侣背叛，且可能涉嫌敲诈勒索。

如果我们将重点放在金钱赔偿上，本质就从“约束对方、杜绝再犯”悄然转变为“收受补偿、默许放纵”。这会让对方产生可以“花钱了事”的错觉。如此一来，让对方真心回归，几乎等同于奢望。

3. 千万不要“剥夺”背叛者的自由

有不少人在伴侣背叛后会选择监控伴侣。比如，要求伴侣公开手机密码、随时报备，甚至实时定位，试图掌控对方行踪，以获取安全感。

殊不知，这种看似保险的侦查手段，实则漏洞百出。

对方若有心“反侦察”，多安排个手机、制造假定位、伪造身份信息等手段做起来可谓轻而易举。如此一来，不仅女方的安全感荡然无存，二人还会陷入一场无休无止的猫抓老鼠游戏，让原本就脆弱的亲密关系雪上加霜。

04

在确认对方值得挽回，婚姻值得守护的前提下，给自己一些时间哭闹，然后，冷静下来，把背叛危机变为稳定婚姻的转机。

我认为做到以下 4 点是非常重要的。

1. 别揪着对方问背叛的细节，用“笃定”应对他的“慌乱”

我的不少用户很喜欢就伴侣的背叛打破砂锅问到底：她是谁？你和她做了什么？是谁先动心的？我很理解受伤女生想知道真相的心，但也要知道，背叛者是很难袒露真相的。你越追问细节，他越会认为你没有证据，而且他会认为你很在意他、珍惜他，害怕他离开，从而在心态上被对方拿捏。

其实，了解真相，对我们处理问题没有任何益处，只会让我们心痛一次又一次。因此，不如直奔解决问题而去。你要镇定自若地让对方觉得——“你什么都知道了，要想人不知，除非己莫为”。只有这样，他才不敢妄为。

2. 清晰表达你的底线，把外部危机交给对方处理

把背叛危机变成稳定婚姻的转机是非常重要的。你必须借此机会明确告诉对方：

“你的 ×× 行为会伤害到家庭、孩子和我。”

“我的底线是 ××，一旦触碰绝不容忍。”

“请于 ×× 时间之前处理好外部危机。”

“你现在可以做 ××，给孩子和我的未来提供 ×× 保障。”

通过清晰的底线说明，让对方意识到出轨代价极大并且无法打感情牌获得谅解。

3. 把危机当作“优化夫妻关系”的机会，推心置腹聊未来

比起伴侣背叛并被外人挑衅，更重要的是，分析伴侣为什么会背叛婚姻。找到“为什么”，并寻找解决办法，和伴侣推心置腹地谈一谈，以优化夫妻关系。可以问问：

“是我过去对你关心不够还是什么地方做得不到位吗？”

“你想要孩子和我给你怎样的反馈？”

“我很爱我们的家，并且希望我们的未来更幸福。你觉得怎么做会比较好？”

真心实意让对方感受到你的原谅，并让他意识到，你是真切地想借助这次的危机去寻找你们这段亲密关系的问题，以及拥有积极捍卫幸福婚姻的心。

4. 一旦选择了原谅，就让这件事彻底翻篇，重新获取幸福

遭遇过背叛的人，需要充足的心力去重建自己的价值体系。然而，“走出来”是唯一的出路。要么选择一刀两断从此

一别两宽，要么选择原谅，彻底忘记这件事。其实，原谅并不是为了别人，而是为了放过自己，让自己从痛苦的旋涡里走出来，重建自己的生活体系，重新把生活的主动权掌握在自己的手上。

感情的修复是一个长期而复杂的过程，需要全家人齐心协力。我有两点建议：第一，想尽办法让自己开心起来。只有自己先开心了，孩子才会开心，另一半自然也会开心。开心的家庭氛围能让人释怀一切。第二，努力地活在当下，耐心给家人（尤其是伴侣）熬一锅汤，教会孩子热情地向家人表达爱……当家庭中的一员能承接其他家庭成员的情绪时，家就能慢慢生出最坚硬的盔甲，护住一家人的幸福。

7.6　离还是不离，这是个问题

钱锺书在小说《围城》里提道："围在城里的人想逃出来，城外的人想冲进去，对婚姻也罢，职业也罢，人生的愿望大都如此。"这句话形象地描述了很多人对婚姻复杂又微妙的感受。

其实有时候，导致婚姻出现裂缝的，是琐碎的柴米油盐，永远分配不均的家务，辅导孩子作业时的崩溃情绪。

婚姻如同食之无味弃之可惜的鸡肋，令人夜夜辗转反侧：

他还是那个我爱过的人吗？他怎么会变成这个样子？我们

的婚姻怎么会过成这样？离？还是不离？

01

有一回，直播间来了个32岁的女生，她花了好长时间介绍自己的过往。

她25岁硕士毕业，在体制内工作，定居上海。相亲相了3年，见过形形色色的人，最终在同事的热心牵线下，与现在的先生步入婚姻殿堂。她先生同样有着不错的学历，在国企拼搏。在外人看来，他们是非常般配的。

再说经济条件，她家境优渥，父母心疼她，赞助了新房的首付。她只需每月还些房贷，日子过得毫无压力。相比之下，她先生的家庭条件比较普通，但为了幸福，先生和公公婆婆向亲戚朋友借钱，在上海置下一套房产。如今，小两口住在女生的新房里。

我忍不住打断沉浸在回忆中的她：“你铺垫了这么多，到底是想咨询什么问题呢？”这时，她像是被戳中了内心最痛的地方，声音也带着一丝哽咽：“我要是早听到Mu姐的直播就好了，说不定就能避开现在这痛苦的局面。我觉得自己低嫁了，想离婚，可每次念头一冒出来，又狠不下心，不知道这段婚姻还能不能走下去……”

仔细一追问，才知道是怎么回事。

相对来说，女生加班较少，工资较高。反观她先生则非常忙碌，每晚披星戴月地加班，周末对于别人是放松时刻，对他而言则要么是在家抱着电脑加班，要么是倒头补觉。家中大小家务事自然全落在了女生身上。而且，丈夫这么忙，工资还没有妻子高。这让女生既委屈又气愤。

屋漏偏逢连夜雨，他们备孕的过程也非常不顺利。两人结婚一年多准备备孕，结果女生被查出患有卵巢功能早衰，需要每个月去医院监测排期。医生叮嘱小两口要在特定时间进行夫妻生活，并建议如果半年后仍未受孕，就试试试管婴儿。她满心焦虑，每次都认真对待备孕这件事。可她先生呢？每到关键节点，不是疲惫不堪、状态不佳，就是被工作绊住脚步，无奈加班。日子一天天过去，女生的委屈如同潮水般将她淹没："他既给不了我钱，又不能帮着做家务，现在连要孩子都成了奢望，我感觉他什么都给不了我……"

我轻声问道："钱这方面，你和他坦诚地聊过吗？"

她微微摇头，神情落寞："没有。我目前工资足够应付房贷和日常开销，他的工资得拿去还之前借亲戚朋友的钱。我自己养活自己，感觉不到他帮衬我，我对他没有崇拜感。"

我直言："既然想得这么清楚，那就直接分开呀。听起来他在你眼中一文不值。"

她急忙解释："那倒也不是，他对我也有付出。他长得也还好，也能提供一定的情绪价值。其实，谈恋爱的时候我就清楚他家条件不太好……"

把先生贬得一文不值是她，说先生有优点的也是她。那到底是离婚还是不离婚呢？

02

这位女生的经历，堪称典型中的典型。

女生说自己低嫁，可究竟何为低嫁，何为高嫁？

我一直强调，真正的高嫁，绝非嫁给所谓的成功人士，从此衣食无忧。在我看来，**真正的高嫁，是觅得三观契合并且能让彼此自在做自己的灵魂伴侣，二人能携手朝着共同的愿景与人生目标奋进。**

但请别误解，即便高嫁，也绝非一路坦途。高嫁的婚姻也同样会面临种种难题：经济压力、育儿分歧、情感倦怠…… 然而，他们与姑娘处境的唯一差别在于，遇到波折时，双方能秉持人生合伙人的心态，齐心协力共渡难关。

我坚信，在任何亲密关系里都不应委曲求全、迷失自我。可与此同时，我也反复强调，婚姻本质上就是给自己寻觅一位人生合伙人，并且“义”字当先。恋爱时，你撒娇任性或许都能被包容，可一旦踏入婚姻殿堂，就得彼此扶持。如若一方跌落低谷或是遇到挫折，另一方是要讲义气同进退的。

03

谁在婚姻中痛苦煎熬，谁就得主动求变。

在这段摇摇欲坠的婚姻里，男方的“碌碌无为”看似是矛盾导火索，但若深挖根源，夫妻长期积累的沟通障碍、情感隔阂、需求漠视，才是“重磅炸弹”。

我们肉眼可见的矛盾冲突，不过是庞大问题冰山的小小一角。

出现危机，如果选择离婚，当然无可厚非。

但我们也需要明白：

如果你没有学会游泳，那么不管换多少个游泳池依旧会有淹死的风险。

如果你没有解决核心问题，那么不管更换多少段婚姻依旧会以失败告终。

就像本节案例中，女生敏锐地觉察出婚姻的问题，满心痛苦，觉得自己嫁错了人，控诉对方不能为自己提供丰衣足食的好生活。她把自己活成了“一个怨妇”，每天困在“离或不离”的情感沼泽之中，任由关系在冷漠与失望中持续恶化。这样的行为只会让婚姻如同一辆陷入泥沼的汽车，越挣扎陷得越深。与其消极埋怨，不如把力气放在关系修复上，先付出努力，重新点燃爱火，为婚姻和自己谋个新出路。

婚姻，从不是一场轻松的游戏，它承载着梦想、责任与爱。

离或不离，绝非简单的二选一问题。

离婚，或许能瞬间摆脱眼前的困境，却可能留下一生的遗憾与伤痛。

坚守，意味着要直面内心的恐惧，付出努力去重新耕耘情感心田。

在这抉择的十字路口，不妨静下心来，聆听内心真正的声音，回忆一下最初的心动，思考一下一路走来的点滴，权衡一下未来的得失，重新思考我们在婚姻里的义气。